生而为熊

REMY MARION

L'OURS. L'AUTRE
DE L'HOMME

[法]

雷米·马里昂

著

左天梦 译

中国出版集团 东方出版中心

走向旷野，万物共荣

2021 年，当东方出版中心的编辑联系我，告知社里准备引进法国南方书编出版社（Actes Sud）的一套丛书，并发来介绍文案时，我一眼就被那十几本书的封面和书名深深吸引：《踏着野兽的足迹》《像冰山一样思考》《像鸟儿一样居住》《与树同在》……

自一万多年前的新仙女木事件之后，地球进入了全新世，气候普遍转暖，冰川大量消融，海平面迅速上升，物种变得多样且丰富，呈现出一派生机勃勃的景象。稳定的自然环境为人类崛起创造了绝佳的契机。第一次，文明有了可能，人类进入新石器时代，开始农耕畜牧，开疆拓土，发展现代文明。可以说，全新世是人类的时代，随着人口激增和经济飞速发展，人类已然成了驱动地球变化最重要的因素。工业化和城市化进程极大地影响了土壤、地形以及包括硅藻种群在内的生物圈，地球持续变暖，大气和海洋面临着各种污染的严重威胁。一方面，人类的活动范围越来越大，社会日益繁荣，人丁兴旺；另一方面，耕种、放牧和砍伐森林，尤其是工业革命后的城市扩张和污染，毁掉了数千种动物的野生栖息地。更别说人类为了获取食物、衣着和乐趣而进行的大肆捕捞和猎杀，生物多样性正面临崩塌，许多专家发出了"第六次生物大灭绝危机"悄然来袭的警告。

"人是宇宙的精华，万物的灵长。"从原始人对天地的敬畏，到商汤"网开三面"以仁心待万物，再到"愚公移山"的豪情壮志，以人类为中心的文明在改造自然、征服自然的路上越走越远。2000 年，为了强调人类在地质和生态中的核心作用，诺贝尔化学奖得主保罗·克鲁岑（Paul Crutzen）提出了"人类世"（Anthropocene）的概念。虽然"人类世"尚未成为严格意义上的地质学名词，但它为重新思考人与自然的关系提供了新的视角。

"视角的改变"是这套丛书最大的看点。通过换一种"身份"，重新思考我们身处的世界，不再以人的视角，而是用黑猩猩、抹香鲸、企鹅、夜莺、橡树，甚至是冰川和群山之"眼"去审视生态，去反观人类，去探索万物共生共荣的自然之道。法文版的丛书策划是法国生物学家、鸟类专家斯特凡纳·迪朗（Stéphane Durand），他的另一个身份或许更为世人所知，那就是雅克·贝汉（Jacques Perrin）执导的系列自然纪录片《迁徙的鸟》（*Le Peuple migrateur*，2001）、《自然之翼》（*Les Ailes de la nature*，2004）、《海洋》（*Océans*，2011）和《地球四季》

（*Les Saisons*，2016）的科学顾问及解说词的联合作者。这场自 1997 年开始、长达二十多年的奇妙经历激发了迪朗的创作热情。2017 年，他应出版社之约，着手策划一套聚焦自然与人文的丛书。该丛书邀请来自科学、哲学、文学、艺术等不同领域的作者，请他们写出动人的动植物故事和科学发现，以独到的人文生态主义视角研究人与自然的关系。这是一种全新的叙事，让那些像探险家一样从野外归来的人，代替沉默无言的大自然发声。该丛书的灵感也来自他的哲学家朋友巴蒂斯特·莫里佐（Baptiste Morizot）讲的一个易洛魁人的习俗：易洛魁人是生活在美国东北部和加拿大东南部的印第安人，在部落召开长老会前，要指定其中的一位长老代表狼发言——因为重要的是，不仅是人类才有发言权。万物相互依存、共同生活，人与自然是息息相关的生命共同体。

启蒙思想家卢梭曾提出自然主义教育理念，其核心是："归于自然"（Le retour à la nature）。卢梭在《爱弥儿》开篇就写道："出自造物主的东西都是好的，而一到了人的手里，就全变坏了……如果你想永远按照正确的方向前进，你就要始终遵循大自然的指引。"他进而指出，自然教育的最终培养目标是"自然人"，遵循自然天性，崇尚自由和平等。这一思想和老子在《道德经》中主张的"人法地、地法天、天法道、道法自然"不谋而合，"道法自然"揭示了整个宇宙运行的法则，蕴含了天地间所有事物的根本属性，万事万物均效法或遵循"自然而然"的规律。

不得不提的是，法国素有自然文学的传统，尤其是自 19 世纪以来，随着科学探究和博物学的兴起，自然文学更是蓬勃发展。像法布尔的《昆虫记》、布封的《自然史》等，都将科学知识融入文学创作，通过细致的观察记录自然界的现象，捕捉动植物的细微变化，洋溢着对自然的赞美和敬畏，强调人与自然的和谐共处。这套丛书继承了法国自然文学的传统，在全球气候变化和环境问题日益严重的今天，除了科学性和文学性，它更增添了一抹理性和哲思的色彩。通过现代科学的"非人"视角，它在展现大自然之瑰丽奇妙的同时，也反思了人类与自然的关系，关注生态环境的稳定和平衡，探索保护我们共同家园的可能途径。

如果人类仍希望拥有悠长而美好的未来，就应该学会与其他生物相互依存。"每一片叶子都不同，每一片叶子都很好。"

这套持续更新的丛书在法国目前已出二十余本，东方出版中心将优中选精，分批引进并翻译出版，中文版的丛书名改为更含蓄、更诗意的"走向旷野"。让我们以一种全新的生活方式"复野化"，无为而无不为，返璞归真，顺其自然。

是为序。

黄　荭

2024 年 7 月，和园

献给我的孙子，瓦迪姆

目　录

序

熊。

我欠你一个道歉。

归根结底，我对你所知甚少。

是的，所知甚少，直至我读到雷米·马里昂的这本引人入胜的书。曾经，我停留在世人对你的刻板印象中：贪婪、敦厚、笨拙、滑稽，当然也讨人喜欢。但你并不具备猫科动物的神秘和优雅，例如，那带有优越感的冷漠。你被描绘成一头贪吃的野兽，有着笨拙的头脑，既危险又贪婪。

我曾经在你入镜的两部最有名的电影中配音——一部是动画片《丛林之书》最新版里的巴鲁；另一部是由嘉贝丽·文生①的漫画作品改编而成的电影里赛纳鼠的

① 嘉贝丽·文生（Gabrielle Vincent），比利时著名漫画家，代表作有《流浪狗之歌》、"艾特熊和赛娜鼠"系列、《蛋》等。本书脚注均为译者注。

i

同伴艾特熊——尽管如此，我仍旧只是把你简化为主题公园里的某个形象。

这本书让我大开眼界。多年来，雷米·马里昂一直跟踪你、观察你、分析你、为你拍照和摄影。他真的非常了解你，不厌其烦地对你进行观察和考量，在你生存的领域等待你的出现。

熊，你知道吗，我俩有些相似：人们常常让我感到害怕。与你一样，我想要逃离他们。那些曾与你一起生活的人，他们曾奉你为神祇，之后却奴役你、猎杀你、侵占你的栖息地。你最好避开他们，他们很危险，当然并非所有人都是如此，但大多数人想要的是你的熊皮。熊本身没什么价值，也带不来任何东西。你是危险的，必须消灭你，如同消灭挡在他们面前的所有物种那样。很抱歉地告诉你，你时日不多。

在此，我还想以人的名义，以整个人类的名义，向你道歉——比以上的道歉更庄重、更严肃。对不起，是我们逼迫你们逃到食物匮乏的地区；是我们将熊皮做成床前的地毯；是我们将你们关在笼子里插管取胆汁；是我们将浮冰融化；是我们把你推向饥饿或公共垃圾场，还有比利牛斯山的围猎场——那儿的饲养员祖祖辈辈都对你们怀有恨意（但难道不是你们先于他们的羊群生活在高山牧场上吗？）；是我们将你们扮成马戏团的动物，在鼻子上穿环，与猴子一起跳舞……

然而，你看，你已经成为一种象征，代表着动物与人类和谐共存的失败，尽管如此，你还是与人类一起生存了几千年。但你很快会陷入他们的黑暗沼泽之中，困于他们的贪婪和愚蠢之中。

熊啊，不要自夸，你并不比地球上的任何其他物种更可爱，你只是地球上奇妙生物多样性的一部分，但这份多样性极度脆弱，并可能会消失。除非……?

除非我们跟上雷米·马里昂探索的脚步。

他觉得你很美，他爱你，有时在远处，有时离你太近——尽管你并不喜欢！他对你怀有无限的迷恋和赞叹，尤其是，且最重要的是，他尊重你。愿他这本精彩的书能教会人们最终了解你，反过来尊重你、爱你，因为你值得被爱。

兰伯特·威尔逊（Lambert Wilson）

一只漂亮的母熊在堪察加半岛捕鱼①

---

① 感谢雷米·马里昂授权。

引 言

> 与我们一样，熊也是由尘土构成的，呼吸同样
> 的风，喝同样的水。
>
> ——约翰·穆尔（John Muir），1871 年[1]

如果要追溯我迷恋旅行、广阔的空间以及野生动物
的缘由，那必须和以往所做的那样，回到我的童年。

孩童时期，我看到父亲每晚都去钓鱼。冬天，他穿
着大衣，戴着羊毛围巾和蓝色的海军呢绒帽。对我而言，
每次当他虔诚地听完国内广播电台（France Inter）关于
海浪的天气报告后，就会出发去一个未知的目的地。乌
特西尔（Utsire）、多格尔（Dogger）、西尔弗（Silver）、
芒什海峡东部（Manche Est）、芒什海峡西部（Manche
Ouest）、布列塔尼西部（Ouest Bretagne）——这些地名
仍然在我的记忆中回响，同样生动浮现在记忆里的还有
云雾、海浪和飞鱼的形象。父亲并不是要去那些遥远的、

波涛汹涌的海上，但比起外海，塞纳湾（la baie de Seine）其实险恶得多。

每天上午，我玩着碗里的活虾，又或是桶里的寄居蟹。可怜的小家伙被我从洞里赶出，它们教会我什么是潮汐、海流和海的深度。

我的童年是在探索海洋动物、追寻翁弗勒尔（Honfleur）沙滩上的孤独漫步者以及那些让我奔向北极的训练中度过的。塞纳湾上不断变化的光线是印象派画家的灵感来源，也满足了我对光亮的需求。很小的时候，对玛丽·劳伦森（Marie Laurencin）、欧仁·布丹（Eugène Boudin）、克劳德·莫奈（Claude Monet）、亨利·德·圣-德利斯（Henri de Saint-Delis）或安德烈·汉堡（André Hambourg）画作的赏析，锻造了我对云、阴霾的天空和海浪的欲求。

多年之后，我穿越大块浮冰与北方的森林，才与人生中第一只熊相遇，然而，自从少年时代开始，病毒般的想法就已存在。让-巴蒂斯特·夏克（Jean-Baptiste Charcot）[2] 很好地描述了这种想法的"病理学原理"：

> 极地地区的奇怪吸引力到底从何而来？如此强大、如此坚固，以至于人们从此地返回之后，忘却了精神和身体上的疲劳，只想着重新回到它们身旁。……能够穿越这个地方的人，

感受到自己的灵魂得以升华。

因此，自20世纪80年代末以来，我每年都有几次去观察、研究、拍摄棕熊、白熊和黑熊；有时会遇上著名的博物学家，也会遇到导游、猎人、科学家、地理学家，他们都对跖行动物着迷。

这些人的知识和经验往往源于直接的观察以及与动物的亲密接触，他们极大地丰富了我的认知，为我打开了先前紧闭的大门，引领我穿越隐秘的通道，使我的理解更加深刻和全面，特别是增强了我对熊科动物的广泛认识。

在所谓北极熊的优雅和棕熊的温和之外，真正吸引我的是它们在全世界各种文化中随处可见——无论是现实中还是人类的想象里，它们无所不在。

我一直追寻北极熊的踪迹。据我所知，那个时期的法国人对北极熊缺乏兴趣。面对这一挑战，我致力于增强公众对这一物种的了解，它在短短几年间已经成为全球气候变化的标志和象征。

为回溯北极熊的生命轨迹，我自然而然地靠向了棕熊，仿佛乘坐时光机去追溯它们的进化历程。回忆数不胜数，镶嵌在我的脑海里，像是为了与其他人的记忆产生共鸣那般。每一次的新观察不仅没有抹去或替代从前的记忆，反而是对它们的补充、丰富和完善，这是一场没有尽头的探索之旅。每位观察者都丰富了我们的知识，提升了我们的观察质量，加强了我们彼此之间的连接。关于熊的著作、旅行史和科学研究出版物琳琅满目；阅读以及重读这些作品也算是充分参与探索之中，其真正的意义在于分享。从电影到书籍、再到研讨会，我试图展示这些大型食肉动物的多样性和丰富性——它们经常被工具化，或被当作幻想的对象。

从巴芬岛（Terre de Baffin）到阿拉斯加北部，我有幸看到数百只北极熊，在马尼托巴省（Manitoba）的丘吉尔镇（Churchill）度过了 23 个秋天，也有幸成为第一批拍到北极熊巢穴出口的人之一，以及北极熊在拉布拉多地区捕鱼的镜头。

我也曾幸运地在日本北部、西伯利亚、堪察加，以及阿拉斯加、不列颠哥伦比亚和芬兰观察到棕熊。

我对熊进行了数小时、数日及数年的观察，与所有和熊有过长时间接触的人一样（即使文化背景不同），我越来越感受到并确信熊是"另外一种人"。熊是人类野性的复制品，它曾与最初的人类一同行走，分享他们的栖息地，滋养他们的想象力。在这种难以置信的独特关系中，几千年来，熊一直出现在人类意识深处的传说、信仰和仪式中。

然后，事态发展突然加速，人与熊分道扬镳。如同该隐杀害了亚伯，耕种的农夫消灭了游牧的牧羊人，两兄弟相互对抗，转而分裂。在这场与熊的决斗中，人类最终胜出。人类破坏了熊的栖息地，对熊进行密集的狩猎，在远离自然的同时，艰难地生活着。无论是在《圣经》还是在《古兰经》中，该隐都被放逐，他的后代在洪水中灭亡。请注意，水平面已经开始上升⋯⋯

第一章　如何描述一只熊？

> 然后他看到了那只熊。他躲起来了，没有暴露自己：熊只是在那里，一动不动地，在燃烧的午后那片绿色和斑点的寂静中，呆住了，它不像他在梦中看到的那般大，但和他预期的差不多大，甚至更大，无法估测，在阴暗和斑驳的背景中，熊也正看着他。
>
> ——威廉·福克纳（William Faulkner）[3]

对我而言，瞧见一只熊从白桦树和桧木之间的树荫下经过，是一个伟大的、宁静的时刻。每天映入我眼帘的是罗伯特·海纳①的一幅彩色雕刻作品，它把我带回那一刻。作品中有只熊从白桦树林里走出来，远远地看着观察者。这就是一切：带着些许神秘，一丝微弱的光线，溶解在流淌的情感和宁静之中，这杯大自然赐予的鸡尾酒已准

---

① 罗伯特·海纳（Robert Hainard），瑞士艺术家、博物学家和作家。

备就绪，无需额外搅动。这剂让人重返青春的灵丹妙药会让您体会到谦逊与和谐。

我认为，布封先生（M. de Buffon）[4] 在专门介绍熊的段落（《欧洲的棕熊》）中，概括了描述熊的困难。

> 自然史的作者对熊的看法千差万别，这样的情况不存在于其他任何一种动物中——至少是人类熟知的动物中：他们对这种动物的本性和习性并不确定，甚至是矛盾，在我看来这是因为他们没有正确区分熊科的不同种类，有时错误地将熊的特性归为其他。

一切都在告诉我们，棕熊是多态性动物。

在大众的想象中，熊和森林里的人一样，是直立着行走的，乐于和家人一起玩耍，身上散发着香气，非常善良。虽然很少有人能看到熊，但每个人似乎都认识它、想到它、梦到它。给孩子们讲述的故事、抚摸着长毛绒玩具熊的温柔，这些让人忘记了这一动物乃至其家族的复杂性。

看见一只熊从森林里走出来，总是让人感到惊讶，没有半点声音宣告它的到来，它毫不犹豫地出现在这样的场景里，就像是在自己家。人们马上问道：它是雄性还是雌性？几岁了？是这片地区大家熟知的那只熊吗？疑问众多，却并不容易回答。比起成年的母熊，年轻的公熊更瘦。为了完整地对这只熊进行描述，任何蛛丝马迹都是有用的：伤疤通常表明它是一只成年公熊，在繁殖期打斗不断；凸起的乳房则是年纪较长的母熊的特征。

棕熊有着特有的姿态和步伐。它转动着肩膀，就像相扑运动员随时准备战斗那样。它的步态没有北极熊那般优雅，但也非人们所想的那般笨拙。我们很难听见行走中的熊踩断树枝，除非它想要示意自己的存在。它的皮毛能让它在灌木丛钻行时不碰倒灌木。与肌肉凸起如训练过度的猫科动物不同，熊身上覆盖着厚重的皮毛，仿佛是为了掩盖格斗士般的庞大身形。这著名的皮毛分为三层：皮肤上的底毛短且酷似羊毛；中层的毛发；最外层的皮毛较长且坚硬，其浓密度随着季节与个体的需求不同而发生变化，在面对严酷的气候、森林里遇到的袭击，甚至是同类攻击的时候，皮毛均起到保护作用。

棕熊家族最让我感兴趣的是其颜色、外表、行为和性格的多样性。棕熊是多种多样的多态性动物，这与北极熊的单一性完全相反：它并非指一个物种，而是涵盖了多个亚种。令人惊讶的是，它有可能是唯一拥有"双名"的物种：Ursus arctos，这一名称由两个对等的单词组成，前一个是拉丁文，后一个则为希腊文。欧洲棕熊被命名为：Ursus arctos arctos，这再确切不过了。应该强调它的唯一性，但恰恰相反，它并非单一。Ursus arctos，"熊"和"熊"，真实的熊，人类想象中的熊，人类的近亲，另一种人。

让我们花点时间来解析"ours"（熊）这个词。词根源于印欧语 rksos（即 ours），由拉丁词"ursus"和希腊语"arktos"组合而成。希腊语中，名词"arktos"意为"熊、母熊、大熊星座、小熊星座、北方"。"北极"（l'Arctique）这一地名来自星宿以及指明北方的北极星，而非来自北极熊。"arktos"的形容词形式为"arktikos"，意思是"北极的、北方的"。但正如查理-弗雷德里克·施密德伯格（Charles-Frédéric Schmitzberger）所说[5]，它与"initial"① 是同音异义词——两者词根完全不同——但后者与考古学、原型/范式相关。"熊"与"开始""开端"之间相互靠近，具有吸引力，但这种关联从词源学上来说是错误的。费利克斯·加菲奥特（Félix Gaffiot）于 1934 年出版的《拉丁语—法语词典》中指出，"orsus"意为"开始"，但与"ours"这个单词并无关联。"arktos"源于

① initial 本义为"最初的、开始的"。

名人姓氏，例如 roi Arthur（亚瑟王），而"Arthur"这一姓氏则源于"Arkthuros"，可译为"熊的尾巴"。狩猎女神的名字"Artémis"（阿尔特弥斯）也可能与"ours"一词相关——虽然两者之间的关系仍属猜测。还应该注意的是，希腊语"arktos"与拉丁语"ursus"两个单词的重音均落在倒数第二个音节上，这能够突显一种既令人畏惧又令人崇拜的力量。

"熊"在德语中为"Bär"，挪威语中为"bjørn"，英语中则是"bear"，最早源于印欧语中的"bher"一词（意为"栗子色"），在早期的日耳曼语中为"beron"，古英语中则为"bera"。一些常见的人名和地名都来自这一盎格鲁-撒克逊语，例如人名中的 Bernard（贝尔纳德）、Bertrand（伯特兰德），瑞士的 Berne（伯尔尼市）。虽说语言学家可以或多或少带有确定性地去描述"熊"的名称，但词形上的变化却让他们的工作变得困难。

早在 1805 年，林奈（Carl von Linné）[6] 就在《自然系统纲要》（*Abrégé des systèmes de la Nature*）一书中写道：

> 布封将熊分为食肉的棕熊和食果的黑熊，但如此分类真的不是臆想出来的吗？

自布封开始，词形上的变化成为人们多次尝试对熊的四十余个亚种进行描述的源头。从这边划分出一种所谓颜色更深的群体，又从那边划分出另外一种更浅或更小个儿的群体，第三种群以蚂蚁为食，另外一种似乎又更倾向于食尸。例子数不胜数，对亚种的命名同样也是多种多样：

时间	拉丁文名称	中文名称
1788	*albus*	白熊
1814	*alpinus*	高山熊
1827	*annulatus*	环纹熊
1827	*argenteus*	银色熊
1855	*aureus*	金色熊
1798	*badius*	栗色熊
1827	*brunneus*	棕熊（字面意义上接近，但"棕熊"一词通常为 Ursus arctos）
1840	*cadaverinus*	尸体熊
1847	*euryrhinus*	宽鼻熊
1864	*eversmanni*	埃弗斯曼熊
1836	*falciger*	镰刀熊
1828	*formicarius*	吃蚂蚁熊
1788	*fuscus*	暗色熊
1864	*grandis*	大熊
1792	*griseus*	灰熊（可能指灰熊）

时间	拉丁文名称	中文名称
1992	*gobiensis*	戈壁熊
1840	*longirostris*	长嘴熊
1820	*major*	大型熊
1921	*marsicanus*	马尔西卡熊
1820	*minor*	小型熊
1827	*myrmephagus*	食蚁熊
1788	*niger*	黑熊（可能指美洲黑熊，Ursus americanus）
1864	*normalis*	常规熊
1829	*norvegicus*	挪威熊
1864	*polonicus*	波兰熊
1829	*yrenaicus*	伊雷纳熊
1864	*rossicus*	俄罗斯熊
1797	*rufus*	红熊
1864	*scandinavicus*	斯堪的纳维亚熊
1864	*stenorostris*	狭鼻熊
1772	*ursus*	熊（熊的通用拉丁学名）

俄罗斯人也列出了一张熊的亚种清单，美国人列出了另一张，欧洲人却犹豫不决。即使面对任意一种百分之百占据优势的皮毛颜色，人们都无法制定无懈可击的分类准

则：例如，瑞典小熊的浅棕色，芬兰公熊身上的黑炭色，北海道熊的橙色颈毛，堪察加超级大熊的红棕色，又或是阿拉斯加熊的浅灰色——以上这些我都遇到过。

让-雅克·卡马拉（Jean-Jacques Camarra）无疑是比利牛斯山最好的研究熊的专家，他向我们诗意地描述了他的众多观察结果之一：

> 它的皮毛是很明显的双色，在腿部的棕色和肩部的米色之间没有掺杂别的颜色。外表如此匀称漂亮，很明显是一只母熊……[7]

对我而言，最让我感到惊讶的要数北海道棕熊，它们的耳朵似乎不成比例。虽然夏季它们以鲑鱼为食，但其体型没有来自堪察加半岛或南阿拉斯加的表兄弟那般庞大，它们的头部相当瘦小，皮毛普遍为浅棕色。我曾经遇到过几只北海道棕熊，颈部像戴着一圈非常美丽的橙色项链那般，这样的皮毛颜色我在其他地方没有见过。它们的幼熊也是如此，但更瘦小，腿脚长得更高些。此外，人们还将它们归类为"北海道棕熊"（Ursus arctos yesoenisis）这一亚种。尽管此处靠近萨哈林岛的生物群体，但北海道岛（曾经名为 Yeso）天然的隔离状态有利于熊在形态上的进化。

这些描述科学价值不大，因为动物皮毛的颜色变化各异，难以在种群中找到一致的规律。然而，它们确实展示了观察这些大型肉食动物的乐趣所在。博物学家试图找出不同熊之间的区别，为的是更珍惜那些不可思议的瞬间，更深刻地记住它们，沉醉于这些美妙的相遇之中。即便我们是经验丰富的观察者，已经拍摄记录过数十只甚至几百只熊，但也不可能记得每一只。有些熊给我们留下了难以磨灭的印象，我们对它们的兴趣永远不会减退。

*

遗传学将解决命名混乱的问题

不同的棕熊种群特征也不同，我们能够追溯它们的进化过程。目前已测序的棕熊种群分布在西欧、东欧、西藏、北美，其中北海道（Hokkaido）生活着三个不同种群，国后岛（île Kunashiri）、择捉岛（Etorofu）和阿拉斯加西部各居住着一个种群。此外，阿拉斯加南部的 ABC 群岛〔指金钟岛（Admiralty）、巴拉诺夫岛（Baranof）和奇查戈夫岛（Chichagof）〕也生活着一个种群，而且与北极熊有着重要关联。

除了肤色，熊的体型在不同地区和不同时期也各不相同。雄性比雌性大、高、壮。食物中蛋白质含量的高低是造成生活在不同地域的熊存在体型差异的根本原因。在比利牛斯山、特伦蒂诺和阿布鲁佐，生活着体型最小的棕熊，成年母熊重约 75 千克，公熊重约 115 千克，最重可达 300 千克。在堪察加半岛和阿拉斯加南部，雌性棕熊的体重从 181 千克到 318 千克不等，雄性棕熊的体重从 272 千克到 635 千克不等，最高可达 685 千克。最小的雌性和最大的雄性在体型和体重上的差异如此之大，这是其他陆生哺乳动物无法比拟的！

繁殖期间，公熊必须相互竞争，这很好地解释了熊是一种性别二态性动物。雄性和雌性的性别比例是 1∶1，但雌性每三年才繁殖一次，此时他们的后代已经独立，离开巢穴。因此，每年只有约 30% 的雌性能够进行交配，雄性必须努力争取。雄性黑熊要等上十年左右，才有希望向年长、经验丰富但已经疲惫不堪的黑熊发起挑战，最终将自己的基因遗传下去。

无论是公熊还是母熊，它们的体重在一年四季也会有所不同。春天苗条纤细，到了秋天就可能像气球一样圆滚滚的。熊的体重在 12 个月内会有 30%—50% 的变化，因此它们的形态变化也很大。只有靠斑纹——如雄性身上的疤痕、项圈或颜色比较鲜明的斑块——才能对个体进行辨识。

*

读懂熊的足迹

熊走后留下了什么？当然是在地上的爪印。熊的后爪是蹠行型的，这意味着它在行走时整个脚掌接触地面；前爪是趾行型的，即它主要依靠脚趾行走。地上的这些爪印显然是一只前爪和一只后爪留下的。

熊的后爪与人的 43 码大小相当，比利牛斯的牧羊人称其为"打赤脚的人"，在贝阿恩奥克语中为"loupé des caous"，意为"山中人""流浪者"。与狼不同，熊的足迹不会与其他野生动物的足迹混淆，而且它们特有的脚印可以让人辨认出每一只熊。熊在一夜之间可以行走 15—20 公里。

棕熊，尤其是阿拉斯加和堪察加半岛的棕熊，爪子很长，可达 10 厘米，能清晰地在地面上留下痕迹。

毛发有时会粘在树胶上。熊的爪子非常发达，尤其是前爪，它们用爪子挖洞，而不是杀死动物。熊用爪子在树上做标记，标记的位置在人的视线高度清晰可见。它们更喜欢针叶树，因为松脂的气味会让它们兴奋，它们摩擦针叶树来标记自己的领地，并通过摩擦来驱除寄生虫。

熊行走时会留下粪便。这些粪便是一座信息宝库。熊虽为肉食动物，担摄入的食物相当杂。它的消化系统不能有效地消化植物，但其实植物是它重要的食物来源之一。因此，熊的粪便中充满了浆果、松子、干果壳、草药以及鱼骨和鱼鳞。

利用 DNA 分析的新技术，我们可以准确地将粪便与特定的个体对应起来，进而追踪它们的活动轨迹和饮食偏好。这种非侵入性的研究方法，结合在树上或通过特设装置收集的毛发，允许我们在不干扰动物的情况下，获取有关其种群的翔实信息。

粪便的新鲜程度也能表明熊何时经过，有时它就在不远处……里克·巴斯（Rick Bass）在《追寻最后的灰熊》（*Sur la piste des derniers grizzlis*）[8] 一书中给我们讲述了一则有趣的轶事：

> 丹尼尔讲述道：就这样我遇到了人生第一只野生灰熊。当时我正在弗拉特黑德河北面的岔路口取熊的粪便，我看到那只灰熊坐在稍高一点的山坡上，一脸惊讶地看着我，似乎想问我："你拿我的便便做什么?"

我们已经讲过了熊走路的方式，但还应聊一下它们游泳的能力。露营者认为自己在岛上待着很安全，但其实大错特错。棕熊能像狗一样用前爪游泳。它们能横渡河流和

17

湖泊，逆流而上，还会短距离憋气，在水下寻找鲑鱼。

熊很小的时候就能跟随母亲潜入水中——这也是玩耍的好地方。当然，幼熊喜欢玩耍。虽然我们不能简单地将人类的情感投射到它们身上，但许多观察记录显示熊会重复相同的动作，例如将物体抛向空中或在冰面上滑行。无论是在雪地里还是在水里，它们会一起玩耍。它们成双成对出现，花几个小时模拟战斗，轮番占据上风，在水中嬉戏打滚，在阿拉斯加或堪察加半岛的炎热夏日里，这无疑带来了乐趣。

*

真正的人格

我们不妨来看看这句用来形容某些人的老话："他简直是只熊！"这句话很明确地表明此人不善交际与沟通。那么，熊到底是什么样的呢？所有观察者、博物学家、科学家、摄影师甚至猎人一致认为：熊是具有个性的。

弗朗索瓦·梅雷（François Merlet）用充满诗意的自然主义之笔为我们总结道："熊是一根粗糙的老木头……你必须通过思考来剥去它的老树皮。然后，我们才能洞悉其真实性格的相关秘密，理解其诱人的个性，了解其惊人的能力，从而证明其无所不能。"[9]

美国著名野生动物追踪学家道格·皮科克（Doug

Peacock）说："你们面对的这只熊的个性如何，是无法确定的。"[10]

总之，我认为熊就像人类一样：大多数情况下相当友好，虽然也有明显的文化差异，但很少会暴躁或危险。

我经常观察到，即使是兄弟姐妹，不同的熊也有不同的性格。从幼年时期开始，有些小熊就更喜欢冒险，或更胆小、更害怕、更具攻击性。

在东西伯利亚的乌马拉地区和日本，我曾多次见到反应和能力截然不同的双胞胎。就像人类一样，尽管它们的成长经历表面上完全相同，但性格特征截然相反。

在北海道，我观察到两只熊似乎刚与母亲分离不久。这对兄妹一起度过了几天或几周的时间。到了鲑鱼季节，对于懂得捕捉技巧的熊而言，食物就会充足。它俩中的一只总是更活跃，发现了一个帮助鲑鱼跨越急流的滑槽入口。于是，它钻进了这条槽道，完全消失在了同伴的视线中。留下的那只感到绝望，它哀鸣着，惊慌失措地担心再也见不到另一只。经过几分钟的成功寻找，更聪明的那只重新出现了，第二只像是松了一口气似的向它走去，它的兄弟一巴掌拍在它的鼻子上。以上这段描述看起来完全是拟人化的，但确实是真实的，我好几次在东西伯利亚和堪察加半岛观察到类似的事件。

在这类兄弟姐妹中，经常可以看到一只依赖另一只生活，它会乞讨鲑鱼片、偷吃剩余的食物，或期待对方的慷慨之举。在北海道的这对双胞胎中，更机灵的那只会在捕到鲑鱼后先送给它的兄弟，然后再去捕捉一条给自己。

罗伯特·海纳在《欧洲野生哺乳动物指南》（*Mammifères sauvages d'Europe*）中提出了自己的观点：

> 熊的性格如何，大家各持己见，我很难判断。但至少可以说，熊是极为谨慎的动物，它尽量避开人类，这得益于其敏锐的感官和出色的智力。[11]

有些熊对人类或某个人表现得十分易怒。我们曾经穿越位于不列颠哥伦比亚省的尼基特河巨大河口区，那里有一家大熊旅馆，店老板汤姆·里维斯特（Tom Rivest）是一位善于与熊打交道的行家，他非常尊重灰熊的领地。为了不打扰灰熊的生活，禁止旅游者在其领地内登陆。尽管采取了这些预防措施，还是有一只灰熊无法忍受他的存在。每当小船靠近海滩，它就会耷拉着耳朵开始咆哮。可能是它将汤姆的气味与某段不愉快的记忆联系在了一起。即使汤姆只是被迫下船去推船入水，结果也会变得很糟糕。

印第安人的故事和传说都强调了熊的性格特征。美洲印第安人想象中的熊可以有各种各样的性格。它可以善良、慷慨，也可以恶毒、反复无常。有的熊有着高尚的心灵，为了家人不惜牺牲自己的生命；有的熊则自私自利，藏匿食物。有狡诈的熊，也有容易上当受骗的熊；有具有威胁性和破坏性的熊，也有仁慈的熊。除了人类，没有其他角色能在传说中表现出如此多样的性格。就像希腊神话中的众神一样，美洲原住民口头传说中的熊也拥有通常只归于人类的弱点和品质。

正如大家所见，熊拥有真实的人格。也许正是因为这一点，它才能不断拓展生存空间，甚至是在极端地区繁衍生息。

在人类遍布地球之前，熊在北半球随处可见：洞熊、棕熊、北极熊，还有短脸熊、熊猫、素食者或肉食者、杂食者或专食者。其中，棕熊一直占据着最广阔的领域。

棕熊的适应能力最强，这让它们能够在各种各样的生态系统中生存，如戈壁或西奈半岛的干燥沙漠，或类似加拿大荒原的冰川平原，以及各种类型的温带森林和北方森林。有时，它们冒险生活在海拔超过两千米的高山。它们还会翻山越岭，长途跋涉，跨越河流和湖泊。如今，一些棕熊——主要是公熊——会步行至非常遥远的北方，甚至冒险进入冰原。

只有一种物种能够在如此多样化的环境中生存，那就是人类。

为我画一只熊

熊很少出现在大型绘画中。正如米歇尔·帕斯图罗（Michel Pastoureau）在其著作《熊：一个王者的没落史》（*L'Ours. Histoire d'un roi déchu*）[12] 中描述的那样，它只出现在寥寥画作中。不过，在 15 世纪早期加斯东·菲比斯（Gaston Phœbus）的狩猎兽皮图版画中，它的形象十分突出。

在我看来，关于熊的最佳画作是俄罗斯画家伊万·希什金（Ivan Shishkin）与康斯坦丁·萨维茨基（Konstantin Savitsky）合作完成的《松林的早晨》（*Un matin dans une forêt de pins*）。这幅作品从自然主义的视角，展示了森林中熊一家的田园生活，这种表现方式得到了巴比松学派的高度赞赏。

其他画家也提出了极为有趣的绘画建议：菲利普·勒让德-夸特（Philippe Legendre-Kvater）向两代儿童介绍了简单有效的绘画方法。他的小书就是参考资料，书中介绍了如何画一只熊：一个大圆代表头，一个小圆代表鼻子，一个更小的圆代表嘴，另外两个圆代表眼睛，两个很小的圆代表耳朵，再来一笔画出嘴巴……画好了！虽然是简笔画，但它的确是一只熊。菲利普还向他们讲述了熊和驯熊师的故事。

埃里克·阿利伯特（Éric Alibert）是动物画家，我有幸与他共同参加过几次观熊之旅，他的绘画速度总是给我留下深刻印象。我现在还能回忆起在东西伯利亚，他一只眼睛盯着望远镜，另一只眼睛盯着素描本，用水彩笔轻轻勾勒出三个弧线，就描绘出了对岸正在吃草的熊。寥寥几笔就让那只动物栩栩如生；那团毛发没有任何粗糙感。埃里克用笔在铜版上勾勒出熊的轮廓，然后直接进行铜版画印刷。线条交错、重叠，熊的形象跃然纸上。就像三万年前肖维岩洞（la grotte Chauvet）中的熊画像一样。根据观察角度的不同或光线的变化，熊魔术般动了起来，动物电影的雏形便形成了。

罗伯特·海纳则代表了另一个时代、另一种风格。他常常把熊看作狗和狼之间的一抹暮色剪影，他的木刻技术完美地捕捉到了熊的身影。他在画册中生动地捕捉了月光下熊的轮廓。这是一种幽灵般的、几乎不真实的观察，但熊就在那里。

雕塑则是另一回事。

显然，安托万·路易·巴耶（Antoine-Louis Barye）是最富有名气的雕塑家。巴黎植物园里，他的作品《战斗的熊》将这种动物浪漫化了。这是一座超写实的雕塑作品，熊露出了牙齿，皮毛像披风一样可以抖动，但几乎没有留给人们想象的空间。

　　索里厄大师弗朗索瓦·蓬蓬（François Pompon）只留下了纯粹、本质和最为必要的元素。他的北极熊雕塑使他声名鹊起，相反，光滑圆润的棕熊虽然不那么引人注目，但也取得了巨大的成功。

　　在当代雕塑家中，米歇尔·巴松皮埃尔（Michel Bassompierre）是最了解熊的人，他知道熊如何移动，它的皮毛如何使轮廓变得圆润，它如何举起爪子，就像这样，没有其他。他的作品会动，熊会妖娆地翻滚，它们会看着你，向你提问。阴影和曲线，勾勒出其生理结构。

　　重现一只熊，就像是在寻找你的替身、你的另一个自我、你的双胞胎兄弟，是在画笔下寻找（人）隐藏起来的兽性。

第二章　如何成长为一只熊？

> 它像独眼熊一样温柔地看着我，张开了嘴，就像人打哈欠一样。它的表情并不狰狞也并不凶猛，反而带着几分诗意。这只熊身上有一种我说不清的诚实感……
>
> ——维克多·雨果（Victor Hugo）[13]

要了解今天不同种类的熊的进化过程，特别是棕熊，我们需要追溯到5 700万年前。

当时，中亚的森林中生活着一种小型的树栖食肉动物，类似于鼠鼬（une genette）或果子狸（une civette）。这就是我们所知的食肉动物不同类群的起源。

熊是其中一条进化链的后代，这一进化链在4 200万年前产生了分岔，进化为海豹目（les pinnipèdes，如海豹和海狮）、鼬科动物（les mustélidés）和熊科动物（les ursidés）。要证实海狮和熊之间存在亲缘关系，只需比较一下它们的头骨就可以了。一只手拿着南美海狮（Otaria byronia）的头骨，另一只手拿着棕熊的头骨：亲缘关系显而易见。因此可以肯定，南美海狮与适应海洋生活的熊是近亲，前者一直是肉食动物，以鱼为食，有时也吃企鹅。这两个物种的牙齿非常相似。

在福克兰群岛（archipel des îles Falkland）西北部的陡峭杰森岛（île de Steeple Jason）上，我有幸观察到一只南美海狮捕食。它在企鹅出海或捕鱼归来时捕捉它们，用有力的犬齿咬住企鹅，为了分尸，它会摇晃企鹅，然后击打水面，把企鹅的肉体从厚厚的羽毛状的皮肤中剥离出来。我还见过它吞食大型鱼类，如一次性吞咽半条至少重达10千克的鲣鱼，但在这种情况下，它可以像爬行动物一样将其直接吞咽。它的牙齿甚至无法切割柔软的鱼肉。

将棕熊和北极熊放在一起做比对，它们的牙齿告诉我们它们各自的进化史。按照一般规律，专食性动物捕食靠机遇，但北极熊的进化方向正好相反：它逐步进化为专食性动物，也恢复了纯肉食动物的牙齿。[1]

_____

[1] 通常，动物进化的趋势是从专食性向杂食性转变，也就是说，随着时间的推移，很多动物种类会从专门吃一种或少数几种食物的习性，发展为能够利用多种类食物，这种转变使它们在寻找食物时更具生存机会，能够在食物资源有限的环境中更好地生存下去。然而，北极熊的进化却走了一条相反的路线。原始的熊类动物是杂食性的，它们的牙齿结构适合处理各种类型的食（转下页）

但另一方面，棕熊则有杂食动物的牙齿，与野猪的牙齿有许多相似之处，如扁平的臼齿没有明显的尖齿、发达的牙齿用于压碎树根、巨大的犬齿用于咬住食物。

据我们所知，熊科出现的时间相对较晚，距今2 500万年。像狐狸一样大的榆树熊（Ursavus elmensis）是这个家族的第一个成员。从这一家族中很快分裂出一个群体（1 500万年前）——形成了我们今天所知的大熊猫，还有另一个群体——短脸熊，以及第三类群体——其他熊类。而在500万年之后才进化产生了西欧古生物地层中发现的奥弗涅熊（Ursus minimus），它是现今熊科所有已知种类的基础。正如它的名字所暗示的那样，它的体型很小，应该与美洲黑熊非常相似。

在埃尔斯米尔岛北纬78度的地方，发现了350万年前的黑熊遗骸。这种名为"Protarctos abstrusus"的黑熊应该食用过大量富含糖分的浆果，因为这些浆果在这一纬度地区非常丰富。当时的地貌应该是北方森林，气候不像现在这么寒冷，但黑夜依然漫长。它可能是50万年前第一只离开亚洲前往美洲的熊。类似的物种在中国、

（接上页）物，包括植物和动物。但北极熊的祖先在适应极地生活的过程中，转向了更加专一的食肉性生活方式，主要以海豹为食。

东欧和美国都有记录。

　　在 210 万年前的上新世和更新世之间，熊科动物变得更多样化并扩散到更广泛的地区。在欧洲，伊特鲁里亚熊（Ursus etruscus）是奥弗涅熊（Ursus minimus）的直系后裔，它开启了所有现存熊种的进化之路，但并不包括眼镜熊和某些灭绝的熊种，如已经灭亡的洞熊（Ursus spelaeus）的祖先德宁格尔熊（Ursus deningeri）。

　　洞熊基本上是素食者，而且非常肥胖。据估计，母熊的平均体重为 225 千克，公熊的平均体重为 420 千克。要想了解它们的长相，最好的办法就是参观复制的肖维岩洞。墙壁上的洞熊肖像栩栩如生，就像一幅由阴影赋予生命的画作。洞熊的头部结实有力，但下颚似乎不如棕熊那般有力，面部轮廓分明，巨大的肩膀与抓地动物的肩膀形状一样。

　　当存活至今的棕熊开始在欧亚大陆定居时，这种熊（洞熊）还活着，但没有繁衍后代。在 1.2 万—1 万年前，人类进入并定居于欧亚大陆，它没能幸存下来。我还想提醒大家注意，在研究这些古生物遗骨时，经常发现它们患有骨病。将洞熊与棕熊的研究成果进行比较会很有趣。洞熊可能消亡于人类之手，但后者并不是使其消亡的唯一原因。洞熊是否具备在漫长越冬期生存所需的全部能力？我将在本书第八章中尝试回答这个问题。

北美平原上的短面熊（Arctodus simus）也与棕熊生活在同一个时期，但它与新到来的人类产生了正面竞争。智人和短面熊捕食同样的大型食草动物。这种身躯庞大的熊体重近 700 千克，腿部如同耐力运动员那样结实，生活在空旷的地方，它的存在无疑迫使黑熊留在森林中，棕熊则生活在阿拉斯加。想象一下这样的景象：广袤的美洲平原绿草如茵，数以百万计的长角羚、北美特有的美丽的米色和白色羚羊、数以百万计的野牛在那里吃着草。剑齿虎潜伏其中，突然，一只头部与我们熟悉的熊并无二致的熊出现。它站立时身高 2.5 米，比北极熊至少高出一个头，拥有跳跃动物的巨大后肢。它是专为追逐而生的掠食者。

这一熊种的近亲眼镜熊（Tremarctos ornatus）仍旧存活于世，也成为生活在南美洲秘鲁、委内瑞拉和哥伦比亚山区的唯一熊类物种。

棕熊直系祖先的最古老化石可追溯到 120 万年前。所有的古生物学和遗传学证据一致认为，最早的棕熊出现在中亚，它们生活在冰河时期，在欧亚大陆和美洲大陆之间的广阔平原繁衍生息。更新世时期的棕熊比今日所知的棕熊体型更大、更壮，从牙齿可以看出，它们也更偏向肉食性。

1.2 万—1 万年前，在短面熊消失后，棕熊才进入美洲平原。

在法国东南部的瓦尔地区（le Var）发现了与亚洲熊（Ursus thibetanus）密切相关的三个物种的遗骸，在意大利和比利时也出土了相关熊种的骨骼碎片。这些发现表明，在中更新世（公元前78.6万年—前13万年）期间，这三个物种曾在南欧进一步扩散，而且在地理上它们之间并无交集，它们度过了三次大冰川时期。与这些发现相关的另一则重要信息是，在同一时期，至少有五种熊类在欧洲同时存在，另外还有一种北极熊生活在冰雪覆盖的外围地区。

哺乳动物经常使用巢穴。狼、野狗、鬣狗和狐狸等犬科动物以及獾等鼬科动物经常利用洞穴保护幼崽。虽然棕熊体型庞大，但这也是它们的特征之一。

上新世和更新世之间的气候变化肯定是造成这种大型哺乳动物行为独特的原因。日益频繁的冰期、平均气温的下降，这有利于那些能够找到办法应对越来越漫长的冬季和食物短缺的物种。

在哈德逊湾和詹姆斯湾沿岸过冬的北极熊，会在永久冻土层及树木生长的边缘挖掘洞穴作为窝点。这些洞穴提供了一些线索，以便我们了解在天然洞穴稀少的地区古代北极熊栖息地的相关信息。在这些永久冻结的土壤中，洞穴能够保持数十年甚至数百年不塌陷。这些地区的纬度介于苏格兰和伦敦之间，在夏季当地温度常常超过20摄氏度，这些洞穴也为北极熊提供了避暑的场所。

*

棕熊与北极熊互为表亲

最年轻的物种是北极熊，它在约 60 万年前才从棕熊中分离出来，变得专食，只在冰原上狩猎。在这种特殊情况下，两个物种之间的隔离并不明确，引出了许多理论，其中好些颇为古怪。

巴黎国家自然历史博物馆的亚历山大·哈桑宁（Alexandre Hassanin）对棕熊和北极熊的进化以及冰川对其多样性的影响进行了综合分析。最新发表的有关熊进化的研究报告显示，棕熊和北极熊经常一起生活，两个物种之间的界限相当模糊。

随着每个新冰河时期的到来，棕熊都会向南扩散，以应对北极冰盖的前移，或者被困在冰川之中。

即使是最缺乏想象力的地理老师，也能以西北高地的南乌阿姆（Allt nan Uamh）冰川谷为例，因为此地地貌易于解读。这是一个轮廓分明的槽形山谷，两边都是坚硬的岩石，在未经冰川巨力磨蚀的山壁下面，有四个漂亮的洞穴，这就是克里格·南·乌阿姆（Creag nan

Uamh）洞穴。在这里，洞穴探险家和科学家发现了一个距今4.5万年的古老棕熊的头骨、一个距今2.2万年的北极熊头骨和另外一个距今1.4万年的棕熊头骨。

在这些熊类头骨之外，他们还发现了驯鹿、北极狐和狼的骨头，以及一块距今约2000年的海象象牙，这些都证明了人类曾在这片苏格兰高地活动。

我在爱丁堡苏格兰国家博物馆的实验室里遇到了食肉动物和杂交专家安德鲁·基奇纳（Andrew Kitchener)[14]，他证实了两种熊交替出现在这些洞穴里（同一地点）是极具重要性的。北极熊出现在冰川最盛时期，随着冰盖的消退，北极熊让位于棕熊。

如今，有时还能看到棕熊和北极熊共存共栖的现象，尤其是在阿拉斯加北部。2015年9月，为了拍摄电影《北极熊的蜕变》（*Les Métamorphoses de l'ours polaire*）中与北极熊相遇的场景，我们来到了卡克托维克地区（Kaktovik)。生活在那里的伊努皮亚特人有权在每年九月捕杀三只弓头鲸。然后，鲸鱼的尸体会被放置在海滩上的某个特定地点，这必然会引来该地区所有的熊。我们试着碰碰运气，但这种赌博可能会因多种因素而失败：没有鲸鱼，所以狩猎失败；潮汐阻碍了北极熊靠近鲸鱼的骨堆；天气不佳；闲散的当地人整夜用四轮摩托车驱赶黑熊；前一天有灰熊被射杀……

当所有条件都具备时，必须要有耐心，非常有耐心……

夜幕早已降临。北极熊幽灵般的身影在巨大的露脊鲸鱼尸体组成的盛宴中悄然移动。在这个平和的北极巨兽群落中，除了下颚咀嚼富有弹性鲸脂的声音外，没有其他任何声响。

在这种情况下，公熊甚至可以容忍幼熊，它们几乎肩并肩。雾气渗到了我的眼镜和相机的镜头上。

想象一下，距离我们30米远的17只北极熊突然像圣心大教堂前惊慌失措的鸽子一样冲向我们！一只灰熊咆哮着冲了进来。当地人似乎没有感到害怕，离开了现场。这只灰熊并不是很大：在资源有限的阿拉斯加地区，灰熊并不常见。它也是来享用几块鲸鱼肉的。它赶时间，因为冬天就要来了，它必须回到布鲁克斯山里过冬。等到这只棕熊①出现真是不可思议的幸运：在这一地区，虽然伊努皮亚特人不允许猎杀北极熊，但他们很乐意射杀棕熊，因为棕熊是不属于他们文化的入侵者。在我们进行观察时，只知道该地区有一只灰熊。虽然灯塔射出

———————

① 法语原文中提到两个不同的词：grizzli 和 ours brun，这两个词虽然都可以指棕熊，但它们指代的具体类别稍有差别：grizzli 通常指北美的灰熊，是棕熊的一个亚种；ours brun 泛指所有棕熊，包括欧洲棕熊、北美灰熊等不同亚种。这里的"棕熊"其实还是在指上面那只"灰熊"。

亮光，但它并没有受惊，其间回来了五次之多，每次都花更长的时间，吃更多的食物。北极熊在发现这只灰熊后也回来了，这两种大公熊以一种很少见的方式共同分享着食物。得益于人类的狩猎传统，这只棕熊度过了一个愉快的冬天。

不难想象，间冰期对这两个熊种意味着什么，它们的基因如此接近，饮食习惯却相去甚远。

但是，我们如何理解大型北极熊面对小型棕熊时的恐惧呢？苏珊·米勒（Susan Miller）是该地区鱼类和野生动物管理局的北极熊专家，她的研究工作表明，在九月，棕熊必须想尽一切办法觅食，然后进入巢穴过冬。另一方面，北极熊的行为更务实，冬天意味着冰层和丰富的海豹，因此它们宁愿暂时为棕熊让路，而不愿与之发生冲突。棕熊显得匆匆忙忙，咄咄逼人；而北极熊则从容不迫，不想与其发生冲突。在这种情况下，可以提出其他假设来解释棕熊对北极熊的优势。在这种环境中，棕熊是在与狼、其他熊种甚至狼獾的竞争中进化而来的，比起独自生活在自己食物链中的北极熊，它更需要保护自己。更重要的是，对于像北极熊这样的专一肉食动物来说，轻微受伤就意味着无法捕猎，几乎必死无疑。

遗传学研究表明，在阿拉斯加南部的 ABC 群岛地区，雌性棕熊与雄性北极熊交配，它们的后代克服了新气候带来的挑战。对这两个物种的基因组进行测序显示，北极熊体内大约 9% 的线粒体的 DNA 来自棕熊，因此，所有北极熊在某种程度上仍然是棕熊。如今，雄性棕熊前往遥远的北方冒险并与雌性北极熊交配的情况变得更常见。这些混血儿被称为"北极灰熊"（pizzlis）或"灰北极熊"（grolars，即棕熊和北极熊两个单词融合后的写法）。加拿大的维多利亚岛只记录到几只，但其他地方可能有更多。因纽特人猎杀它们，使它们消失，因为他们不允许在这一地区猎杀棕熊。那么，北极灰熊是棕色的还是白色的呢？

尤论如何，棕熊爸爸与北极熊妈妈杂交生下的混血幼熊都将由白色北极熊抚养长大。它在冰原上的生活能力可能会有所下降，却能更好地度过漫长的夏季。杂交是快速适应环境的进化途径之一。

现今棕熊的分布直接与最后一次冰川期的影响有关，该冰川期在距今约 2.2 万年前达到顶峰，所有的棕熊都被迫向南迁移。大约在 7 万年前，棕熊从欧亚大陆迁移到美洲大陆。

随着冰盖的快速后退，棕熊开始重新向更高纬度、新近被森林覆盖的地区进发，其分布范围大概在公元前 6000 年达到顶峰：覆盖了整个北美西部以及墨西哥部分地区，在欧洲全境分布广泛，也在北非留有部分残留种群，几乎遍及整个俄罗斯、土耳其以及黎巴嫩和叙利亚的山区，延伸至喜马拉雅山脉，直到日本北部。

在这次棕熊重新征服世界之后，人类活动、平原森林的破坏、城市化以及密集狩猎极大破坏了欧洲棕熊种群，甚至摧毁了北非最后一群棕熊，并使黎巴嫩—叙利亚地区的叙利亚棕熊处于孤立状态，其中一些个体仍旧生活在存在冲突的区域。

遗传分析清楚地显示了分布区域破碎化导致的种群隔离。在比利牛斯山脉、法国阿尔卑斯山区（最后一只棕熊于1921年被射杀）、韦科尔山区（最后一次观察到棕熊的记录时间为1937年）、阿斯图里亚斯、斯洛伐克、罗马尼亚和保加利亚，诸多小的群体被隔离开来。

由于密集狩猎，棕熊自公元1000年以来已在英国群岛完全消失。

生活在意大利中部亚平宁半岛的马西加熊（ours marsicain），又称阿布鲁佐熊（ours des Abruzzes），被列为棕熊的亚种（Ursus arctos marsicanus），其种群隔离状况尤为突出。在4600年前，它从阿尔卑斯山种群中分离出来，体型小于其巴尔干近邻，被认为对人类的存在具有相当的容忍度。颅骨测量结果清楚地表明，这是一个独特而孤立的种群。它的遗传变异性低，近亲繁殖率高，是典型的与近亲群体没有关系的种群。

在瑞典，以前分离开的两个种群正在重新汇合。在瑞士和奥地利，不同的熊群也正试图重新站稳脚跟。

即使我们能够重建新石器时代棕熊的分布范围，但还缺少一个重要的数据：棕熊的数量有多少？

遗传学将再次尝试使用DNA追踪技术，通过足够数量和分布范围的样本来评估这一种群的实际规模，但目前这一问题仍未得到解答。

另一条研究思路是熊在不同文化中的地位。一个物种只有在每天或几乎每天与人类共处的情况下，才能被认为是普遍存在的，否则它就是罕见的，仅存在于人类的幻想之中。

✻

在巢穴阴影里

当秋天来临，首场雪花飘落，寒风开始变得刺骨时，怀孕的母熊会像其他棕熊一样寻找洞穴，但它们会选择一个更安静和更偏僻的地方。

它们通过吞食大量的浆果来增加体重。在洞穴中，它们舒适地安顿下来，准备度过长达7个月的时间，与世隔绝，仿佛时间静止一般。到了1月初，它们会产下2—4只无毛且尚无法视物的幼崽，重量在300—500克[15]之间，相当于3个大苹果的重量。这个体积与母亲的体积相比似乎完全不成正比，但这是有原因的：交配发生在 5 月底或 6 月初，之后胚胎的发育会暂停，以便将幼熊的出生时间与冬季同步。胚胎在子宫着床被推迟到 10 月或 11 月，也就是母熊进入洞穴的时候。因此，实际的妊娠期只有大约 50 天。

在幼崽出生时，母熊自 10 月以来一直在禁食。因此，她必须优化自己的能量储备，为了保证自身的生存和幼崽的哺育，会尽早进行分娩。幼崽出生后，她会立即哺乳。相较于子宫内的生长，这种从脂肪酸转化为能量的过程对氧气的消耗更少，且对幼崽的生长也更有利。

这一悖论是民间信仰的起源，人们认为母熊通过舔舐幼崽来完成它们的"成形"过程，可以说是对它们进行塑形。古罗马历史学家老普林尼（Plinius）写道：

> 它们是一团白色而无定形的肉块，略大于老鼠，没有眼睛，没有毛发；只有指甲凸出。母熊舔舐这团肉块，逐渐地给它塑形。[16]

同样，拉伯雷（François Rabelais）在他的《巨人传·庞大固埃》中写道：

> 新生的熊只是一块粗糙无形的东西；母熊

通过不断地舔舐，使其四肢得以完善。[17]

如果母熊没有做好这项工作，熊就不会展现出最佳的特征，可以说是一个"没被舔干净"的熊，由此产生了这一流行表达。

正如索菲·波贝（Sophie Bobbé）解释的，再一次地，人们将母熊与生命的馈赠联系在一起。人们对熊的看法，无论在何处，都与创世、季节性的重生以及通过狩猎牺牲自我以拯救人类的行为联系起来。

熊奶富含脂肪，平均含量为 32％。而牛奶或人奶的脂肪含量只有 3.5％—4％。母熊哺育幼熊的时间最短为 24 周，最长可达 82 周。幼熊在大约 5 个月大时离开巢穴，开始尝试将其他食物作为补充。

在巢穴中，幼熊会逐渐长出毛发，眼睛也会在微光下睁开。它们要过一段时间才能见到阳光。当它们长到 5 或 6 千克时，就可以开始探索世界了。

外面的积雪开始融化，熊爱吃的雪莲花嫩芽开始冒出地面，被春天的阳光吸引并向天空伸展。

米歇尔·托内利（Michel Tonelli）是多部比利牛斯山熊纪录片的导演，他放置在棕熊巢穴中的摄像机显示：巢穴内部微光照射下的幼熊正蠢蠢欲动，是时候出去了。

幼熊逐渐长大，像一个蹦蹦跳跳的小球，四条腿不太协调，眼神中充满了惊讶。这个脆弱的小东西，日后可能会变成一个重达 350 千克的庞然大物。母熊也发生了变化，体重至少减轻了 30%，但它不会第一时间去寻找食物。母熊给幼熊上的第一课即将开始，必须——服从！虽然母熊一般不说话，但在向幼熊下达指令时，它会发出深浅不同的声音，类似轻声细语或呼吸的声音。

哺乳期是值得观察的特殊时期。母熊的行为、哺乳的姿势、幼熊的兴奋，很快就会让我们产生非常拟人化的比较。小家伙感到饥饿时会爬到母亲的肚子下面，试图抓住乳头，向母熊传递饥饿的信号。

如果时机不合适，母熊就会把幼熊推开，不予理睬。否则，母熊就会转来转去，找一个舒适的地方坐下，就像自己妈妈曾经喂奶时那样。它把自己的六个乳头喂给饥饿的幼熊。熊崽争抢着最佳位置。当它们真的"插上电桩"并开始咕噜咕噜吃奶时，母熊就会低下头。这是一个真正满足的时刻。至少观察者在这一刻体会到了什么是满足。

在日本根室半岛（la péninsule de Nemuro），我们观察到一只母熊和它的两只幼崽，母熊全神贯注地钓着鲑鱼，幼崽则在岸边嬉戏。等得不耐烦了，小熊跑出几百米，跑进一片小树林。母熊惊愕地从水里探出头来：小熊不见了……说时迟那时快，母熊已经奔到我们身边，心急如焚，鼻子高高翘起，却丝毫没有攻击的迹象。它察觉到了幼崽的方向，飞快地跑开了。小熊饿了，母熊便马上开始喂奶，这是受到某种刺激后的满足时刻。

有时，母熊会仰面躺下，伸展整个身体，似乎是在放松。

在两年的训练中，幼熊需要学习很多东西。它们必须正确识别植物，发现甚至避开其他同类，它们进步很快。兄弟姐妹之间争吵不休。它们活泼好动，会爬上树桩，压弯灌木，但从不远离母亲。一旦收到警示信号，它们就会爬上最近的树。

我曾在阿拉斯加的阿南溪（Anan Creek）观察黑熊，这里是一个非常独特的地方：一条弯曲的激流嵌在潮湿的森林中，流向大海。一只母熊带着它的幼崽遇到了问题：只要有危险，幼崽就会爬上 15 米高的树。一旦爬到树上，它就再也下不来了；它的妈妈身材魁梧、体格健壮，不得不去劝说它从树干上滑下来。一次，两次，十次，小熊一直爬上爬下。每一次，小熊都呻吟着又下来了。雌性棕熊也是如此，虽然它们有些体型庞大，但也会像我们一样耐心地引导幼熊。

我还想起另一件趣事。9 月中旬，我们在堪察加半岛，当时日本北部正刮台风。雨水横流，库里尔湖变成了一片汪洋。我们观察熊的那条河上，河水冲走了树木，沙岸消失在浑浊的河水中。一只母熊带着当年出生的两只小熊，不顾一切地决定过河。母熊在前面带路，水深及肩，承受着波浪和水流的冲击。两只小熊跟在它后面，但很快就被卷进了水流，消失在波涛之下，什么都看不到……有时，两只耳朵出现了，它们挣扎着，也呜咽着。尽管波涛汹涌，我们还是能听到它们的声音。已经渡到对岸的母亲回头向它们发出几声"嘟嘟"声，鼓励它们。最后，它们终于越过河到了对岸；浑身湿透的它们在沙地上打着响鼻。母熊往往会把幼崽逼到极限，这是一种严格的教育方式。当母熊发现幼崽遇到困难时，会鼓励它们，当然也会指导它们，也许还会给予安慰，但这些都很难被精确地解读。

幼熊必须独立地跟随母熊。我见过一只小熊，它走在母熊后面拐错了弯，不得不回到起点，重新找到正确的路线。

正是这两年的教育将幼熊培养长大，让它自行寻找食物，学会独立，并与同伴和其他物种一起生活。在这漫长的两年中，如果幼熊不遵循母亲的教导，往往会有丧命的危险。雌性棕熊离开巢穴时通常会育有三只幼熊，第二年通常剩下两只，到了离巢的时候，通常只有一只幼熊能够独立生活。

北美印第安人和西伯利亚猎人都清楚地知道母熊对幼崽的爱非常强烈，站在母熊和幼熊之间是最危险的情况之一。在拍摄以日本北海道和本州地区人熊关系为主题的纪录片《熊掌之下》（*Sous la menace des griffes*）期间，我们采访了北村先生。对他而言，这是个艰难的时刻，因为他向我们讲述了他的妻子在与熊偶遇后遭袭击身亡的经历。当时他们正在一个通常没有熊出没的地区采集药用植物。他听到了尖叫声，那时他离妻子只有几十米远。在几秒钟内，他的妻子就被一只以为在灌木丛中找到了幼崽的熊杀死了。母熊的反应是瞬间的，而且非常激烈。北村先生拒绝杀死这只母熊，他认为这样做只会造成第二个孤儿，因为他的儿了刚刚失去了母亲。

有时，幼熊在母亲去世后会独自生活，坎内利托（Cannellito）就是这种情况，它的母亲卡内尔（Cannelle）是比利牛斯山最后一只被猎杀的母熊。妈妈去世时，它只有十个月大。除了让-雅克·卡马拉之外，几乎没有人认为它能活下来。卡马拉认为，这里的环境对黑熊来说足够丰富和有利，它一定能活下来，他是对的。由于没有其他熊，坎内利托没有遇到任何不愉快的事情。它在当地唯一能遇到的熊就是他的父亲内雷（Néré），来自斯洛文尼亚，但出生在法国。这是一个非常有趣的案例：那时候，坎内利托可能还没有断奶，那它是如何生存下来的？是如何准备和度过第一个冬天的？它母亲在 11 月

43

1 日死亡之前，是否已经搭好了巢穴？这些都是我们永远无法知道答案的问题，确实也让我们对这些大型哺乳动物的适应能力提出疑问。

2013 年，人们怀疑坎内利托袭击了羊群。2017 年 8 月，自动摄像机拍摄到了它的身影，展示了一只正值壮年的 13 岁公熊的英姿。不幸的是，在它所在的上比利牛斯省和上加龙省，已经没有雌性黑熊了，唯一的希望是尽快安置一只新的黑熊。贝阿恩和阿拉贡地区很快就不再有熊了，比利牛斯熊的基因也将永远消失。

在极端恶劣的环境下，北极熊似乎不可能在母亲去世后独自存活下来。一只十个月大的北极熊幼崽必须独自面对它的第一个冬天，没有巢穴庇护，在严寒和狂风中度过。虽然冬天确实有浮冰，但由于没有光照，捕猎海豹变得十分困难，唯一可以使用的技巧就是在一个呼吸孔附近等待，这种捕猎方法需要强大的力量才能杀死海豹，并将其从一个与猎物体型相比过小的洞中取出来。对北极熊来说，独立存活与幼熊的体重有关。四月份，北极熊最喜欢的猎物是出生在雪窝里的小斑海豹，它的母亲可以在冰原的雪地里挖出海豹窝。小北极熊必须足够重、足够强壮，才能把这个雪洞的顶盖压塌，否则它只能和母亲一起生活。

八种熊科动物

熊科目前有八个物种：

- 棕熊（Ursus arctos，Linné，1758 年）。分布在整个北半球的北方和高山森林中，杂食性，种群数量为 20 万—22 万只。

- 美洲黑熊（Ursus americanus，Pallas，1780年）。生活在北美山区的森林和高山牧场、沿海地带，是素食杂食动物，数量在 85 万—95 万之间。

- 北极熊（Ursus maritimus，Phipps，1774 年）。散布在北纬 54 度至极地的北极地区，肉食性，主要捕食海豹和小型鲸目动物，平均种群数量估计约为 2.5 万只（世界自然保护联盟数据，2017 年 3 月）。

- 亚洲黑熊（Ursus thibetanus，G. Cuvier，1823年）。栖息于海拔 4500 米以下的亚洲落叶林和针叶林，数量方面没有可靠数据来源，但似乎正在减少。

- 椰子熊（Helarctos malayanus，Raffles，1822年）。栖息于东南亚的热带森林中，食虫、食草。因森林砍伐和被人养作宠物而受到威胁。

易危，种群数量未知，肯定在减少。

● 唇熊（Melursus ursinus，Shaw，1791 年）。分布在印度、不丹、尼泊尔的森林和草原，食虫、食草，数量未知，但肯定在减少。

● 眼镜熊（Tremarctos ornatus，F. Cuvier，1825年）。委内瑞拉、秘鲁，海拔较高，树栖，以节食和素食为主，数量在 1 万—2 万只之间。被列为易危物种，受到粗放型农业威胁。

● 大熊猫（Ailuropoda melanoleuca，David，1869年）。仅生活在中国。专吃竹子，数量为 1 864 只（世界自然保护联盟数据，2017 年 11 月）。被列为濒危物种，在所有熊类中数量最少，但由于采取了严厉的保护措施，数量正在增加。

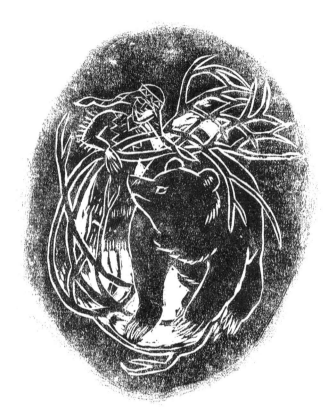

女性，熊的妻子

第三章　像熊一样生活

> 只需一只隐匿行踪的熊，便能改变整个山脉的景象。他为山脉抹上一层新的光辉。他隐身其中，让每一丛灌木都变得生动、富有活力。他为灌木丛增添了深义，这些地方恢复了栖息地的本质。
>
> ——巴蒂斯特·莫里佐（Baptiste Morizot）[18]

4月或5月熊离开巢穴，直到10月、11月甚至12月才返回，熊的生活节奏随着不同类型食物的可获得性而变化。对于繁殖期的成年熊来说，这6—7个月的活动期会被5月中旬—6月中旬的交配期打断。

基本上，熊生活在灌木丛和森林构成的封闭世界里，或者生活在广阔的山区。它们依靠嗅觉寻找食物，包括各种植物、哺乳动物的尸体甚至昆虫。

熊会顺着风向探寻气味，游走在它们的领地内，从黄蜂巢穿行至覆盖着野生覆盆子的灌木丛，脚步沿着空气中的味道前行，足迹就像一张美食餐厅的菜单图。某些气味甚至能引导它们跨越数公里：在阿拉斯加海岸，一头鲸鱼的尸体可以吸引数十只北极熊和棕熊。加拿大自然学家、专门观察和拍摄灰熊超过 50 年的安迪·胡塞尔（Andy Russel）[19] 喜欢引用一句家族格言来形容熊的嗅觉有多灵敏："当灰熊嗅你时，它甚至能讲述你祖母婚礼礼服的颜色。"

在漫步观察灰熊的过程中，我有时也会受到惊吓。在阿拉斯加和不列颠哥伦比亚省交界处的海德小城（ville de Hyder）附近，我们几位摄影师正在等待前来捕捞鲑鱼的熊。几个小时过去了，熊的身影仍未出现。其中一位观察员决定在自己的皮卡车上做一些培根鸡蛋。他还没来得及做完，一只兴奋的小灰熊就从三脚架和四轮驱动车之间跑了过来，但培根已被吃光。这只小灰熊见没有吃的，十分失望，又见我没有车，便开始追赶我。幸运的是，它没有追上我，恼羞成怒，朝河边跑走了。

为了更好地探查某个有趣的气味或声音的来源，以及为了看到高草丛或灌木丛后面，熊可以用后腿站立，但它的视力远不如听觉或嗅觉发达。它的视力只能在非常近的距离内发挥作用，相当于人类的视力。不过，和许多脊椎动物一样，熊的眼球后部也有一个反光膜（tapetum lucidum），可以增强光线并改善夜间视力。虽然近视，但它在夜间的视力比人类要好得多。

它们的听力也更发达。即使是最轻微的声音也会立即让它们停下脚步。如果熊不能很快辨别出来，且声音又重复出现，它们就会慌忙逃跑，而不会去寻找声音的来源。一声雷鸣也会让它们吓一跳。

我脑海中浮现出另一段深刻的记忆。当时是在日本，我们整队在一个捕鲑鱼营地的阁楼上睡觉。在钻进睡袋之前，我走出去看星星。刚到外面，便听到一声沉重的"嗯哼"，紧接着是很明显的咔咔声，这让我意识到是熊在夜间频繁地活动。我随即打开头灯，朝着声音的方向一照，看到三对发光的眼睛：是一只母熊及两个幼崽。我只能战略性地退回楼内，度过了一个不安的夜晚，等到天亮后才再次尝试外出。

因此，确实是嗅觉引导熊寻找食物，视力在捕食时发挥作用，而听觉则让它们保持警觉。

*

熊的饮食结构

熊摄取的所有食物都是当季的新鲜食材，因此会经常根据时令发生变化。除了一些从人类那里搜刮的食物之外，其他都是天然有机的。

5月，雪仍然覆盖着熊的栖息地。整个冬天，北方和山区的森林一直被厚厚的积雪覆盖。不在巢穴中过冬的动物只能依靠微薄的食物资源生存。一般来说，低于零下20摄氏度的严寒会将一些蹄类动物逼到极限。

每年冬天，一些麋鹿、驯鹿、鹿和野牛都会死于寒冷和疲惫。狼趁机而入。尸体从融化的雪中浮现。熊将这些尸体当作轻松而丰盛的食物来源。一般来说，跖行动物在离开巢穴几天后才会重新开始进食。熊的消化功能要恢复，需要排除堵塞肠道的粪便，这就是著名的"熊屁"。由于熊的任何活动都逃不过人类的想象力，因此"熊屁"也引发了许多传说，其中一种说法是，熊排放肠道气体时，会释放出冬天出生的新生儿的灵魂。

基督教将这一特殊性归功于圣布莱斯（saint Blaise），他是一位隐士，4世纪时住在一个山洞里，他的节日就是熊冬眠苏醒的次日，即2月3日。布莱斯（Blaise 源自德语 blasen，意为"吹气"）含有"生命气息"的意思，它与一切膨胀的事物有关，因此也与生育有关：春天的种子、植物的茎、男性的生殖器和女性的子宫。

熊发现一具尸体时，可以把尸体转移至具有遮掩性的地方。它用尽全身力气，拖着冻僵的猎物走过融化的积雪。虽然这时熊已经6个月没有活动，也没有进食，但它似乎一点也不费力，还能若无其事地拖着 150 千克的肉穿过平原。

有时候，在解冻期间，会露出前一年冻结的浆果。熊会来采摘，因为对它们来说，一切都是食物来源。它们还是名副其实的小偷：如果它们发现田鼠为过冬而储存的块茎类粮仓，会毫不客气地拿来享用。我见过北极熊做过同样的事情——盗取北极狐储备的粮食。

一旦积雪消失，植被就会开花结果。这时母熊就会带着后代走出洞穴。幼崽开始学习了。

植物花期随即爆发，种类繁多：比利牛斯山有 30 多种，北美有 200 多种，这些都成了棕熊的食物。

要列出一份棕熊可食的植物清单需要很长时间，以下是欧洲最具代表性的几种植物：

> 许多伞形科植物：
>
> - 猪笼草（Heracleum sphondylium）
> - 铃兰（Conopodium majus）
> - 当归（Angelica sp.）
> - 胡萝卜（Daucus carota）
>
> 各种植物的芽、花、茎或根，甚至果实都会被熊吃掉：
>
> - 火草（Epilobium angustifolium）

- 杜鹃花（Rhododendron sp. ）
- 羊角草（Crocus nudiflorus）
- 莲座鹰嘴豆草（Crepis aurea）

当然还有浆果：

- 花楸（Sorbus aucuparia）
- 刺莓（Rubus sp. ）
- 山桑子（Vaccinium sp. ）

大部分禾本科植物，以及一些常见的蘑菇类植物。

在部分农业区，熊会到庄稼地和果园里找食物。它们喜欢李子、黑刺李、苹果、燕麦、玉米和甜菜根。它们就像百货商店里拿着购物单的消费者，一个接一个地在货架上挑选。帕杰特诺夫（Pajetnov）[20]回忆道："它们（两只小熊）一次抓起几株秸秆，一把塞进张大的嘴里，然后流畅地从左到右或从下到上，用牙齿仔细筛选食物。"

熊坐在田野或树下，不费吹灰之力就能大快朵颐，除非房舍的主人把它们赶走。在这个露天餐厅里，黑熊每次只吃两三种食物，它们选择能给自己提供最多蛋白质的植物。

熊喜欢翻石头，因为石头下面隐藏着一个可供吞食的世界：蜗牛、蛞蝓、蚂蚁和蛴螬。所有这些爬行动物最终都会毫不费劲地进入熊的胃里。人们无法搬动的大块石头，中型身形的熊却能像搬沙砾一样轻松搬走。

在北太平洋沿岸地区，熊会做同样的事情：在退潮时寻找下肚的贻贝或螃蟹。阿拉斯加南部的灰熊有着特殊的饮食习惯：它们在退潮时挖开泥土寻找并吃下大量的蛤蜊[21]，数量难以统计。

涨潮时，在鲑鱼到来之前，灰熊主要以植物为生。

7月，我们航行在不列颠哥伦比亚省峡湾底部岛屿之间的小海峡中。偶尔，会看到灰熊的头从高高的、潮湿的草丛中露出来。大雨倾盆而下，我们所处的地区被恰如其分地命名为"大熊雨林"（The Great Bear Rainforest）。灰熊在等待鲑鱼的到来，到时便能在草丛中大快朵颐。它们用爪子把麦子捆起来，然后送到嘴里，一边咀嚼，一边发出嘈杂的声音。熊的消化系统不善于从植物中提取必需的营养物质，它们的粪便中充满了未消化的植物。草本植物的消化率接近40%，而根茎和浆果的消化率为79%，大量食用青草可能提供营养以外的作用。在河口的更远处，黑熊发现了臭甘蓝（Symplocarpus foetidus），其块茎含有非常丰富的纤维，具有润肠通便的作用，可以消除冬季肠道的堵塞物。

北太平洋地区的熊也吃鲑鱼，从不列颠哥伦比亚到北海道岛，途经阿拉斯加和堪察加半岛，在这一广阔的地区

生活着 8 种鲑鱼，它们被归入鲑鱼属（Oncorhynchus），
这个单词本意为（长着）"钩喙"[22]。

其中 5 种常见，洄游期恰好持续整个夏季，从 7 月
下旬到 9 月下旬，分别是：

- 大马哈鱼或称奇努克鱼，体型最大，平均体重
  10—15 千克，最稀有的是银鲑鱼或称库克鱼。
- 银鲑或科霍鲑，体型较小，约 4 千克，在繁殖季
  节有非常明显的钩喙。
- 红鲑鱼（又被称为 sockeye 或 neerka），因其美丽
  的绯红色而最为独特，也是最受人类追捧的"鱼
  中之鱼"。
- Keta 或 Chum，或称狗鲑，西海岸印第安人因其
  品质不佳而将其命名为狗鲑，用来喂狗。
- 粉鲑，或称驼背鲑（gorbuscha），雄性鲑鱼在返回
  淡水产卵时可通过其背部的驼峰辨认出来。

不难想象，当熊在法国大量繁殖，而河流中盛产大
西洋鲑鱼（Salmo salar）时，一定可以在阿利埃河
（Allier）或尼埃弗尔河（Nièvre）的河岸上看到成群结队
的熊在捕鱼，它们当然不能错过这一季节性的大丰收。

熊只有在产卵的鲑鱼返回产卵地时才能捕鱼。它们

无法在海上捕鱼，虽然我有时看到它们急不可耐地跳进波浪里，但都没有成功。

成年鲑鱼体型肥胖，这确保了它们能在无法进食的逆流迁徙过程中存活下来。以这种"特殊鲑鱼"为食的熊体型更大、更高、更健壮，也更具社交属性。在渔场上，它们相互交往，相互躲避，相互碰撞，相互戏弄。一些体型大、脾气暴躁的公熊专挑容易捕鱼的好地方，不允许任何其他熊在周围出现；而另一些熊则更具社会性，它们在同一个地点捕鱼毫无问题。

每天，熊几乎不费吹灰之力就能捕获 40 千克或更多的鲑鱼。天一亮，它们就来到捕鱼区，空气的明亮度和水的浑浊度都很重要，这两个因素会影响捕鱼的效率。

看到熊在水花中飞奔，把猩红色的鱼儿推到面前，真是一幅壮观的景象。它们忙于捕鱼，忘记了我们的存在。它们把鲑鱼逼到河边的一个小角落里，然后扎进鱼堆里。可以想象，除了觅食，熊还以追逐鲑鱼为乐，逗得它们蹦蹦跳跳。这种能量和生命的放荡不羁，真是令人着迷。

公熊和母熊之间会有交集，但往往互不理睬。在鲑鱼大量游回河流时，以独居著称的熊就像海滩上的度假者，开始了社交活动。

它们在水中奔跑，或在瀑布间静候，最喜欢的食物是鱼卵。有些熊捕捉到鲑鱼后，先吃鱼头，再探摸鱼肚：如果有鱼卵，就继续吞食，否则便将之丢弃。

熊在幼年时期就学会了捕鱼，捕捉已经受伤的鲑鱼、死鱼或腐烂的鱼，熊喜欢吃侵入尸体的虫子。

海鸥和湖鸥喜欢吃熊留下的残羹剩饭，有时北美的白头鹰或堪察加半岛的斯特勒鹰也会前来分一杯羹。

偷猎对熊造成了直接影响，过度捕捞熊最喜欢的食物鲑鱼，也对它们造成了威胁。当成年鲑鱼在海上聚集，游向河流时，会集中在浅水区中，很容易被捕捞，官方渔民和海上偷猎者都在鱼群中捕鱼。

这种捕捞主要是为了获取鲑鱼卵，也就是红色鱼子酱。

你可能会认为鲑鱼资源取之不尽、用之不竭，但事实并非如此。因捕捞过度，种群无法继续繁衍。因此，人们在堪察加半岛和阿拉斯加的某些河流上建造了鱼苗养殖场，以补充鱼种。现如今，熊的生存完全依赖人类活动。

比较三种熊的捕鱼技巧是很有趣的。阿拉斯加南部的黑熊往往是"守株待兔"的渔夫。它们找到合适的地点，静候鱼儿经过，再用强有力的下颚捕获，然后悄悄躲起来进食。与棕熊相比，黑熊更被动。

北极熊也能在河里捕鱼，但人们极少能目睹这一幕。

我有幸在拉布拉多北部的托恩加特山国家公园拍摄到它们的身影。北极熊捕捉的不是鲑鱼，而是北极红点鲑（Salvelinus alpinus），它们只在少数几条河流中游动。北极熊捕鱼的河口位于北大西洋上，非常开阔。北极熊要等到鱼群密度达到最高点，才会跑进几十厘米深的清水中。它们的捕捉条件不如北太平洋的大型棕熊，因为其爪子又短又弯，所以效果较差。红点鲑比鲑鱼更有活力，北极熊必须紧紧抓住它们才能塞进口中。人们常说，北极熊被迫以这种方式捕鱼是因为全球变暖，但我不这么认为。在这一地区，500公里的海岸线上没有一个居民，很少有人看到北极熊用这种方式捕鱼，因为只有在水位高到足以让鱼上浮的时候，北极熊才会用这种方式捕鱼，而且只有少数北极熊在这一地区过夏。不过，这些珍贵的观察资料表明，这三个物种（棕熊、北极熊和黑熊）之间的关系十分密切，可以想象，来自拉布拉多苔原的黑熊会与北极熊一起在这里捕鱼。

其他地方也能列举出棕熊饮食多样化和机会主义的例子：在北海道，九月的河流里满是鲑鱼，但棕熊喜欢多样化的饮食。我在离河岸几百米远的植被下跟踪一对棕熊兄妹。其中一只比较喜欢冒险，很快就爬上了一棵大树，轻而易举地就倚靠在了一根足以支撑它体重的树枝上。吸引它爬到这么高地方的是野葡萄。它静静地坐着，用类似类人猿的姿态迅速把树枝拉向自己。熊的问题在于，它们不会对自己接下来的行动发出任何警告。说时迟那时快，当我还站在树脚下时，它就下来了！我的长焦镜头遮光罩上的熊牙齿痕迹保留了很久。棕熊的这种行为和敏捷的身手显示了它们的树栖能力，它们强有力的爪子就像登山杖，可以紧紧抓住树干。

秋天，熊会选择富含碳水化合物和脂类的食物以增加脂肪储备，为过冬做准备。蜂巢、满是糖分的黄蜂巢和蚁丘都是它们在秋天大快朵颐的食物。如果没有蜜蜂或黄蜂，熊就吃马蜂果、橡子和栗子。

九月初，在堪察加半岛，我们观察到一只母熊带着三只小熊，它们已经吃了几个小时的蓝莓。它们就像吸食浆果的动物一样，头也不抬，只顾着积累厚厚的脂肪以度过冬天，丝毫没有注意到我们的存在。

突然，母熊带着幼崽走进了一大片矮西伯利亚松林（Pinus pumila）。它们疯狂地摇着一棵大树。小熊背靠着树干，使出吃奶的力气想把树压倒。咔嚓！树倒在了地上。为什么要这么用力呢？熊喜欢松子。母熊立刻开始咀嚼松果，榨取松软油亮的种子，小熊也加入了它的行列，消失在树枝间。

有些熊的饮食非常特别。八月，在黄石公园，熊会爬到树林以外，到达海拔超过 3 000 米的岩石陡峭地带。这些对熊来说非常荒凉的地方之所以能吸引它们，是因为一种大量聚集的飞蛾：灰军蛾（Euxoa auxiliaris）。每只熊每天可以吃掉 4 万只，以满足其 2 万千卡的热量需求！

有些灰熊是真正的食肉动物，它们喜欢攻击麋鹿、驯鹿（在阿拉斯加德纳利公园）和麝牛（在阿拉斯加北部）。棕熊的奔跑速度非常快，短距离奔跑速度可达每小时 50 公里。凭借强大的力量，如果它们追上一只羚羊，可以很轻松地将其扑倒。

家畜在熊的食物中仍然只是微不足道的一部分，即使是对相对容易接触到家畜的熊来说也是如此。我们观察到，事实上，尽管比利牛斯山区熊的数量有所增加，但被猎杀的羊的数量却没有增加。

*
熊并不总是那么孤独

像熊一样生活，意味着与其他熊见面，或者不见面。唯一的家庭单位是母熊和它的幼崽。除此之外，熊更像是……熊。繁殖季节之外，它们互相躲避。公熊用肩上的气味腺在树上做记号。它们像巴鲁一样用后腿站立、摩擦和抓挠，尽可能多地留下自己的气味。即使树上已经有了标记，它们也会反复留下记号，还会在落叶松树皮上留下抓痕，即深深的平行线。

对博物学家来说，这些痕迹非常有用。是了解站立的熊的高度、力量和熊掌宽度等信息的理想来源，更不用说从这些抓痕中渗出的树脂所夹带的珍贵毛发了，通过分析这些毛发可以追踪熊的 DNA。此外，这些标记对于区域内的其他熊来说，也代表着领地边界的划定。

抚养幼崽的母熊会避开公熊。后者可能会攻击幼崽，但这种行为很难解释。一种假设是，幼崽被杀死后，母熊会更快地恢复到发情状态，公熊便可以再次与之交配。

几年前，让-雅克·阿诺（Jean-Jacques Annaud）的电影《熊》（L'Ours）上映后，我曾去小学做了演讲，这部电影中只有怀孕和驯化的动物出镜，灵感来自詹姆斯·奥利弗·柯伍德（James Oliver Curwood）的同名著作《灰熊》（Le Grizzly）。我向孩子们解释说，在现实生活中，一只大公熊遇到一只失去父母的幼崽时，并不会将其置于自己的保护之下，而只会将其当作一顿美餐。熊就是这样的。孩子们听得很明白，老师们却哭了。

我从未目睹过熊幼崽被杀事件。在堪察加半岛南部流入库里尔湖的阿泽尔纳亚河上徒步远行时，我努力跟上年轻向导米沙的脚步，他当时 26 岁，已经逮捕了 3 名偷猎者，并用他的泵动式猎枪将他们逼在枪口下。他习惯每天带着装备巡逻 50 公里。我也带着装备：背包里装着相机和镜头，肩上扛着三脚架。我滑倒在新鲜的熊粪上，灌木的树枝刺痛了我的脸，但一切都很好。我们沿着这片密不透风的森林中由熊开辟出来的小路前行。雨水像流水一样从我们的背上淌下来，我的涉水裤从早上开始就已满是冰水，反复被打湿，米沙笑着重复着："我是干的，我是干的。"我们走得正欢，突然被横躺在小路上的幼熊尸体吓了一跳，仔细一看，我们发现它的头骨上有一个圆形的、规则的洞，米沙认为这是雄性犬齿造成的。这只成年熊并没有吃掉幼熊的尸体。在斯瓦尔巴群岛东海岸，我也观察到一只年轻的北极熊做过同样的事情。一百多种动物都有杀婴行为，包括灵长类、食肉类和啮齿类动物，许多人类文明也有类似习俗。

＊

交配季节

根据地区不同，熊的繁殖期在 5 月中旬—6 月中旬之间。

独居生活结束后，熊需要寻找伴侣，甚至是多个伴侣。

母熊发情时，尿液会散发出臭味，这对附近与她们的足迹交错而过的公熊来说是一个真正的信号。

有时，一只母熊附近会有好几只公熊。当两个追求者相遇时：要么其中一个仍旧妄自尊大，但以高声咕哝的方式做出屈服姿态，要么两只公熊体型相仿，不得不大打出手。繁殖期雄性之间的争斗十分激烈，往往一触即发，有时甚至是致命的。输家不得不弯下背脊，立即离开现场，把怨气发泄到路边的树木上。胜者则可以开始求爱。

在芬兰，我多次观察到了熊与熊之间的相遇、玩闹和"调情"。虽然我们早有所知，但首先映入眼帘的还是雄性和雌性在一起时明显的体型差异，特别是彼此重叠时的体型差。

公熊试图追上母熊，母熊躲开了，却又在等着他。公熊激动时会用大腿摩擦灌木丛，用浓烈的气味做标记。它还会靠在树干上，用力摩擦自己的肩膀，以明确显示自己的兴奋状态。

母熊避开公熊，又靠近，然后又跑开。这是一种仪式化的同步，一种求爱的游戏，最终以快速的交配结束，这种交配会重复数日。

如果母熊遇到几只公熊，繁殖效率会更高，因为第一只公熊肯定不会是未来幼熊的父亲。因此，母熊可以与一只、两只甚至三只公熊交配。双胞胎的情况下，有15％的概率是幼崽来自两只不同的雄性，而三胞胎的情况下，则是50％。我见过一只母熊，它的四只幼崽在体型和颜色上就像两对双胞胎。

发号施令的是母熊，它会选择与自己交配的公熊。在任何情况下，都是母熊独自抚养幼熊，教育它们，抚育它们成年。

经过几日交配之后，公熊和母熊恢复了它们的主要活动：进食。

基督教总是很快做出评判，认为熊的自然行为违反了神的律法，并将其归入七宗罪中的五宗：淫欲、愤怒、懒惰、贪吃和欲望。

通过对熊的行为进行更仔细的分析，我们不难为这种动物洗脱所谓的罪名。

淫欲：像往常一样，通常归咎于雌性。诚然，观察表明，母熊在发情期会遇到几只公熊，但这些习惯对于成功繁殖是必不可少的。甚至有人说，小熊刚出生时非常小，因为母熊想尽快摆脱它们，以便再次交配。正如我们所见，答案并非如此。

愤怒：一只被惊扰，尤其是在睡梦中被惊扰的熊，很少会有好心情，这我可以理解……

懒惰：当食物充足时，熊不会储存或积累食物，而是休息。

贪吃：在斯洛文尼亚，我目睹了熊在蜂蜜、甜食或酒精类食物面前异常狂热的情景，而它在吃完苹果或李子等食物时，这些食物在胃里发酵，之后便呼呼大睡，这样的故事也屡见不鲜。熊并不贪吃，或许有一点，但这真的是一种罪过吗？它们寻找高能量且易于获取的食物，也不排斥酒醉。

欲望：熊一旦发现诱人的食物，不会改变主意，一定会大快朵颐。

在熊的真实生活中，母熊是主导者，而在北半球各民族的传说中，公熊被描绘成"性感的兔子"，是力量和阳刚的象征。熊是父母、祖父、堂兄，也是情人，有时还是强奸犯。因此，关于妇女（通常是年轻女孩）被熊绑架后，或多或少被迫与熊发生性关系的传说比比皆是。她通常会和熊在一起，并生下一个混血儿。

这里有一个来自西伯利亚的埃文克传说：两姐妹出发加入驯鹿群，途中遭遇暴风雨。晚上，当她们沿着驯鹿的足迹走时，妹妹不见了。姐姐找不到她，却在寻找的过程中掉进了熊窝。整个冬天，她都在熊的身边。春天，她和熊同时离巢，熊给她指了回家的路。她回到了父母身边。后来，她再次消失。当她母亲在打水的路上经过一个山洞时，看到了她和两个孩子：一个浑身是毛，另一个很正常。为了避免被人笑话，母亲抱走了幼熊，女儿抱走了小男孩。兄弟俩长大成人后，那个叫托尔加尼的年轻人想和小熊较量一番。在打斗中，年轻人用一块锋利的石头杀死了熊。熊垂死期间，教给人们熊节的仪式：狩猎、屠宰、盛宴和葬礼。熊的母亲没有吃他的肉。

这个古老的神话中引发了两个源于印欧语系的西方传说，它们仍然存在于所有与熊有关的文化中：熊约翰的传说和亚瑟王的传说。根据一个在奥克西塔尼亚和巴斯克地区非常流行的传说，让·德·欧尔斯（Jean de l'Ours）是一个女人和一只绑架了她的熊结合所生。当他长到足够大、足够强壮时，他推开了堵住熊穴入口的石头，他们一直都被困在那里。由于他力大无比，又缺乏与人相处的经验，他发现自己很难被母亲所在的村庄接纳。在给自己锻造了一根铁拐杖后，他离开了村庄，并遇到了几个和他力气相仿的同伴。

我们很容易将这个脍炙人口的故事与亚瑟王的传说[23] 相比较。大约在 1180 年，克雷蒂安·德·特罗亚（Chrétien de Troyes）首次创作了亚瑟王的故事。亚瑟的出生日期推测为 2 月 2 日（圣烛节）或 2 月 3 日（圣布莱斯节）。他的父亲是一个戴着面具虐待年轻女子的怪物，有点类似美女与野兽的故事。所有传说中都没有记叙亚瑟的童年，亚瑟只有从砧石中拔出著名的神剑才能成为国王。

亚瑟出发了，遇到了和他一样的勇士，他们组成了圆桌骑士团。

我们不再讲述那些将他们的力量像海格力斯一样为人类服务的善良混血儿，而是在讲述那些反应粗暴且不可预测的战士和战争领袖的故事。在凯尔特神话中，战士们必须杀死一只野猪或熊，以获得其力量和凶猛。这些半人半熊的战士被称为"berserkir"，即"熊衫"战士。

预期寿命

熊的一生至少有两个关键时期：离开巢穴和独立生活。离开巢穴时，幼熊将面对所有的危险，而这些危险正等待着一个笨拙、无忧无虑、只有几千克重的小毛球。它们可能迷路、掉进洞里、被其他熊吃掉、受伤、感染而死……两年后，到了分离的时候，母熊会失去一只甚至两只幼熊。小熊从出生到独立，一般要和母亲一起度过三个冬天。之后，它必须自己觅食，躲避危险，最重要的是独立后要为第一个冬天做好准备，这将决定它的未来。

除了与猎人或偷猎者发生不愉快的摩擦，或者在发情期雄性熊受重伤之外，成年熊几乎不用害怕任何事物。

交配季节受伤会使熊无法进食。下颚骨折或突然拔掉犬齿后感染会导致熊饿死。

成年熊没有直接的天敌。狼可能会把它从腐肉旁赶走，但不会攻击它。但它可能会发生意外：雪崩、滑倒、跌倒，甚至与车辆相撞，还可能被蠕虫寄生，但寄生对其生存的影响尚未得到证实。随着年龄的增长，它们可能会失明或患上骨关节炎。

多年来，我们一直在芬兰观察一只名为波达里（Bodari）的熊。时间越久，我们就越想知道今年还能不能看到它。它至少活了 34 岁，晚年时，它会呼哧呼哧地走路，会坐在树下，给人的感觉总是它快要死了。但是，如果有一只年轻的雄性棕熊靠近它，它就会突然站起来咆哮，那咆哮声整个森林都能听见。

棕熊在野外的预期寿命约为 20 岁。在人工饲养环境下，它们的寿命可超过 40 岁。

*

马戏团的狗熊表演者

在中世纪，熊从受人尊敬和赞美的动物沦为游乐场里的玩物，被表演者拖来拖去，他们让熊模仿人类，以此羞辱熊。正如米歇尔·帕斯图罗所说，熊在万物有灵的动物世界中被驱逐和废黜，沦为"堕落之王"。在基督教的打击下，它从动物之王变成了弃儿。

我从未见过熊表演，这并不是坏事。人们常常以一种仁慈甚至浪漫的眼光来看待人与动物之间的特殊关系，但实际上，这对动物来说是一种名副其实的奴役。街头表演者和吉卜赛人带着被奴役和被嘲笑的熊，从一个集市走到另一个集市，从城堡到修道院，参与雇主组织的盛大活动。

这种活动与巴尔干半岛东部、意大利和法国南部的贫困山区居民有关。来自印度北部的罗姆人肯定早在 11 世纪就把这种表演带到了欧洲。

在比利牛斯山，带着熊表演成为山谷中居民的一种谋生手段。人们将幼熊从母熊的巢穴中"收集"出来，作为宰杀或训练用的动物加以饲养。表演者会带着他的小熊上路，小熊出发之前已被驯服，戴着鼻环，爪子被剪掉，犬齿也被拔掉。

需要意识到，那些随手鼓或手风琴声起舞的熊，实际上是在条件反射的驱使下，被迫将声音与行为联系起来，在规定的时刻站立跳舞。最常见的情况是，把幼熊放在加热的煤炭或金属板上，驯兽师演奏乐器时，幼熊在疼痛的作用下开始跳舞。经过几次训练后，幼熊就会产生条件反射。

最近，在印度，熊表演仍在继续，表演者是戴着项圈的熊；在俄罗斯、保加利亚、希腊和土耳其，表演者是棕熊。欧盟委员会谴责并禁止这项活动，数十只熊最终被送往罗马尼亚的收容中心或被放归。

然而，在中世纪集市、圣诞市场和马戏团里，仍然有驯熊师和艺人——这些来自另一个时代的活动已不再合理。当下，演出者、市政当局、表演组织者和马戏团团长都应该意识到，动物福利必须放在第一位。熊掌不适合在柏油路上连续行走数小时，熊也不会每餐都吃太妃糖。

电影业和广告业的驯兽师也许对动物更细心，但这不能强迫，因为每次的要求都不一样。熊生来不应被圈养。

第四章　熊在环境中的角色

　　每年春天，我们都会目睹熊的"复苏"。它们不知疲倦地漫步在一尘不染的冬日景色中。短短几日，高山上便布满了一串串熊的脚印，这些足迹蜿蜒而上，直达巍峨的山峰，宛如整个地区的荣耀，像在春日阳光下闪闪发光的珠宝。

——让-雅克·卡马拉[24]

　　通过重读编年史家、历史学家的记录以及旅行家和探险家的文字，我们开始了解一个现实：自中世纪以来，棕熊在北半球占有重要地位。16—20世纪初，虽然棕熊被人类有计划地大量捕杀，但这些作者在提及棕熊时仍描述了它们随处可见且数量庞大的景象。棕熊仍然占据着一定空间，但栖息地越来越有限。为了避免这种情况，它们撤退到海拔较高或远离人类居住的地区。它们的活动范围曾经从大西洋一直延伸到太平洋，从未间断，现在却不断缩小。

北美洲熊的进化与欧亚大陆熊的进化有所区别：欧亚大陆是一个横跨12个时区的巨大地区，在那里，熊和人类一直毗邻而居；在北美洲，熊首先受到一系列小规模人类迁徙的影响，这些人从白令海峡迁徙而来，历经几千年，在北美大陆繁衍生息。来自亚洲的棕熊沿着同样的路线到美洲定居。19世纪中叶，欧洲人的大规模到来改变了这种关系，加剧了对熊群的破坏。

*
北美洲

在北美洲，随着欧洲移民的到来和定居，棕熊发生了进化，它们的食物来源也有所改变。

更新世时期，棕熊生活在冰川边缘的苔原植被中，与其他亚极地或极地物种共同生活。冰川消退后，大型食草动物和地鼠入侵大平原。野牛、长角牛和麋鹿在这里生活了数百万年。随着欧洲移民的到来，它们被猎杀，几乎消失了。大平原上的资源被变成了农场，熊也被屠杀殆尽，甚至灭绝。

1804—1805年间，当梅里韦瑟·刘易斯（Meriwether

Lewis）和威廉·克拉克（William Clark）探索美国西部山麓时，棕熊的数量估计为 5 万只。随着移民的到来，棕熊的活动范围进一步向西缩减。养牛人进入西部，雇用专业猎人对棕熊进行大规模捕杀。

采矿、伐木、修路和破坏栖息地等活动则使棕熊的栖息地变得支离破碎。随着先驱者前进的步伐，东部地区的灰熊也在逐渐减少，甚至消失。如今，灰熊只占据了之前 2％的区域，数量则减少到 1 200—1 400 只。

奥尔多·利奥波德（Aldo Leopold）在其精彩的著作《沙乡年鉴》（*Almanach d'un comté des sables*）[25] 中准确描述了我们仅存的荒野和棕熊：

> 每个人都默认，如果灰熊能在加拿大和阿拉斯加生存下来，那就足够了。对我来说，这还不够。阿拉斯加熊是一个独特的物种。让灰熊去阿拉斯加就有点像让幸福去天堂；如果那样的话，我们就没有机会去那里了。

在加拿大，棕熊的种群一直局限于西部和北部，而黑熊则遍布落基山脉以东到大西洋沿岸。

在加拿大西部，棕熊的存在促成了北美西海岸独特的温带雨林生态系统，这也是世界上独一无二的森林植被。北太平洋洋流从日本流向不列颠哥伦比亚省，然后沿阿拉斯加南海岸和白令海峡上升，带来的大量降雨滋润了这片广袤的森林。

这些地貌是最近才形成的；冰川从约 1 万年前开始后退，现有的状况在 5 000 年前逐渐已经稳定下来。冰川退缩后，鲑鱼重新占据了这片海岸。冰川和融雪形成的河流和溪流重塑了地貌，开凿并侵蚀了山谷。

从上新世时期开始，鲑鱼就占据了太平洋沿岸流域。由于冰川和主要火山爆发，这一地区经历了数千年的演变。这些溯河洄游鱼类确保了营养物质从海洋向大陆内部的有效转移。在河流上游产卵的鲑鱼的吸引下，许多熊前来觅食。对在距离海岸 1 000 公里区域发现的熊骨进行的分析表明，熊骨中 90％的碳和氮含量来自海洋，这要归功于鲑鱼。

研究表明，在捕鱼季节[26]，一只熊平均要搬运 1 600 千克的有机物，从河口到森林，甚至深入内陆 500 米的地方。在这片边缘地带，树木的生长速度比森林其他地方快60％。

通过对森林中的老树进行同位素测量，我们可以追溯其所含的氮－14 和氮－15 的来源。氮－14 同位素来自空气，氮－15 来自海洋。在这些百年老树中，25％的氮分子来自熊所搬运的海洋资源。我们甚至可以确定，在

20 世纪的某些时期，人类的存在阻碍了熊前往夏洛特女王群岛（海达瓜伊）捕鱼。天花流行后，海达原住民消失了，熊重新回到这一区域，并再次促进了大树的生长。

在阿拉斯加南部的科迪亚克岛（ile Kodiak），2 300只成年和未成年熊（2013 年估计）每年消耗近 4 000 吨鲑鱼，占商业捕捞量的 6％。不难看出，严重冲击过度捕捞迅速对熊产生直接影响。其次，植被也会受到影响。如果对太平洋进行过度开发，那么这片已被广泛用作木材资源的生态系统很可能受到严重冲击。这片森林中仍有一部分是原始森林，未曾被人类开发。这些资源在我们的星球上越来越稀少，值得我们高度重视，因为它们蕴含着独特的生物多样性，而这种多样性是永远无法重建。漫步在这样的空间中，去寻找熊的踪迹，是博物学家一生中最伟大的时刻之一。

2000 年 7 月，我们乘坐冲锋舟，在不列颠哥伦比亚省贝拉贝拉地区的加拿大西海岸、在迷宫般大大小小的海峡和峡湾中寻找熊的踪迹。雨一如既往下得很大。进入新航道时，仿佛步入了一座大教堂：这里的环境与景色都安静而神圣，令人肃然起敬。巨大的枯树枝从泥滩上伸出，匆忙的鸟在泥滩上飞来飞去，一只受惊的灰鹭在灰色的水墙下展翅起飞，天色阴沉却令人心旷神怡。

我们在寻找灵熊，也就是著名的克莫德熊（ours Kermode），这是一种白色或金色的黑熊，是这一地区印第安人崇敬的森林幽灵。这种熊的独特性至今仍是一个谜。据说，当冰雪消退时，身负创世的乌鸦飞越了太平洋沿岸丰饶的热带雨林，在一个黑熊栖息的小岛上停留时，乌鸦漂白了途中每次遇到的熊群中第十只熊的皮毛，这些被漂白的白熊将永远成为时间之初的记忆。

世界之初的风景狂野而原始……我们没有看到任何熊。当我们从另一条通道离开这个迷宫时，我们看到：一艘钢铁驳船的司机正在等待老板的命令，准备将树木砍断、压碎、撕碎，这是一台吞噬世界的机器，这让我们目瞪口呆。米开朗琪罗绘制《圣经》壁画时，这座拥有百年树木的天然西斯廷教堂便已屹立于此，而如今，它将永远消失，毁于利益的祭坛。

自 2016 年起，面积达 640 万公顷（相当于爱尔兰的面积）的大熊雨林成为禁猎区，只有 15％的森林可以进行可持续开发和管理。这一次，印第安人和生态学家在事态无法挽回之前赢得了这场战斗，而灵熊正是他们的战马；由于它的独特存在，最后一棵古老的树木能得到长期甚至永久保护。熊的存在帮助保护了一个地区，这个地区的整个生态系统都会受益，生活在其中的人们和有幸到访的游客也会受益。

*

在欧亚大陆

在西伯利亚的狩猎叙述中，在与当地人的交流中，目不暇接的狩猎场景得到呈现，每一场景中约有 50 只熊被杀。

弗拉基米尔·阿尔谢尼耶夫（Vladimir Arseniev）叙述道[27]：

> 在俄罗斯位于欧洲的土地上，独自去猎熊被认为是一种英雄行为。而在这里，每个年轻人都要只身猎熊。诗人涅克拉索夫曾经歌颂过一个农民打败 40 只熊的故事。我们得知，皮亚季奇金和米亚基切夫兄弟俩每人都杀死了 70 多只熊，而且是独自杀死的。紧随其后的是西林和鲍罗托夫兄弟，他们每人都错杀了几只老虎，尽管无法确切记得自己杀死了多少只熊。

虽然弄不清楚猎杀的究竟是亚洲黑熊还是棕熊，但狩猎场景无疑令人印象深刻。

毫无疑问，你们和我一样热爱大自然和户外活动，所以我想说点题外话。我当时正在圣彼得堡地理学会查找有关极地画家的资料。一个小姑娘过来和我们聊天，我们的话题转到了阿尔谢尼耶夫。她从书桌里取出一张黑白照片，照片上是一群俄罗斯士兵："这是阿尔谢尼耶夫，右边是他的向导德尔苏·乌扎拉，这是我的父亲奥恰科夫，当时他年仅 15 岁，是部队里最年轻的。"弗拉基米尔·阿尔谢尼耶夫在他宏伟的游记《乌苏里的泰加山脉》（*La Taïga de l' Oussouri*）中描述了与淘金者德尔苏·乌扎拉的邂逅，黑泽明正是受这位淘金者的启发，拍摄了经典电影《德尔苏·乌扎拉》（*Dersou Ouzala*）。

让我们回到棕熊的数量上来。我们需要从不同的角度看待棕熊的存在。棕熊的种群密度显然相当高，目前全球棕熊的数量估计在 20 万—22 万之间。在俄罗斯，棕熊的数量估计在 12 万左右。

在新石器时代人类开始大规模破坏之前，如果说棕熊的数量已经达到 200 万或 300 万，那也不足为奇。这显然是一个无法验证的假设，否则就能通过遗传学方法进行验证。

这些成千上万的巨型杂食动物还改变了山区的植被，这是它们最后的避难所，同时也影响了人类的生活方式。

在某些山区，你可能会好奇是谁如此勤劳地翻耕土壤。高海拔地区没有野猪，所以熊是那儿主要的园丁。

为了寻找它钟爱的铃兰块茎，熊在不知不觉中进行

俄国圣彼得堡猎熊俱乐部在冬季的首次狩猎（1906 年）

着园艺工作，就像儒尔当先生（Monsieur Jourdain）写散文一样。黑熊犁地，给高山草坪充气，用粪便肥沃沟渠，同时进行播种。

　　它翻开石头，摧毁长满蛴螬和甲虫的腐烂树桩，它改变了地貌。

　　如今的牧羊人试图像他们的祖先那样消灭熊，却忘记了这些山区最早的居民是沿着熊和狼开辟的路线行走，年复一年，自然而然地形成了真正的小径。很明显，这些伟大的行者利用等高线、山口、山谷和谷底，在两个觅食区或繁殖区之间穿梭。这些小径使它们能以一种省力、隐蔽的方式走动，避开人类，并以觅食区或休息区为标志。

在寻找灰熊的过程中，道格·皮科克[28] 讲述了他的一个发现：

> 在那里，我发现了至少三只大熊的足迹。当我缓缓下行至林中空地时——在那里前一天出现了一家灰熊——我注意到晨露中清晰地呈现出四条小径。这很奇怪：每条路看起来都像是由两个相距十厘米的轮胎印制而成，而且这四条路在进入树林后向南重叠在一起。根据我在湿地部分收集的足迹推断，这些小径是灰熊走过的。在检查了附近的另外两个林间空地后，我发现了同样的路径，它们都通向溪流南侧的一个区域。我记得，在俄罗斯动物学家米登多夫（Alexander Middendorff）——他的名字被用来命名居住在阿拉斯加海岸的棕熊亚种——的著作中，提到过熊会在西伯利亚森林中留下足迹。年复一年，它们在同样的地方行走，这些

成千上万的、重叠的足迹形成了又深又窄的小
径，其形态与人类开辟的小径非常相似，以至
于那些偏远的森林看上去似乎有不见身影的人
出没其中。

他的描述在我的记忆中回响：我们在东西伯利亚的
乌马拉半岛寻找熊。这是一个苏联驱逐营地区，靠近马
加丹。2 100 万人经过这座城市，却再也没有回来。囚犯
们在黑色黏稠的泥浆中开辟出宽阔的林间小路。在一条
与二级公路同样宽的道路上，熊的足迹遍布道路两侧：
它们利用了人类开凿的道路。不难想象，一群熊在这条
小路上穿行，却从未见过彼此；留下的只有它们在空气
中飘散的气味和地上的脚印。这是一群罕见的无声行者，
因为熊通常彼此避开。大型公熊、带着幼崽的母熊都曾
从这里经过，这条小路就像一本打开的书，记录着这一
地区的熊群数量。

在熊群数量众多的时候，它们开辟出来的道路后来
很可能被猎人、牧羊人和探险家利用。熊可谓人类的
先锋。

当来自斯洛文尼亚的熊被引入比利牛斯山时，对它
们进行监测的科学家很快就发现，这些新来的熊正沿着
与本地熊相同的足迹前进。这些土路和靠嗅觉器官指引

的道路，讲述了许多熊甚至是几代熊走过的故事。熊的记忆就像一本用爪尖写成的书，是与懂得解读的人共享的熊文化。

但是，我们今天看到的熊和 50 年前、100 年前或500 年前的熊一样吗？难道它们的行为没有随着人类的日益接近而改变吗？

很明显，我们在芬兰熊场观察到的熊的行为是由诱饵诱发的。我们需要非常谨慎地判断哪些是可能发生的，哪些是真实存在的。繁殖季节的行为、同步追踪、雌性的拒绝和交配只有在这些条件下才能观察到。但觅食行为、近亲几代雌性和雄性同住是人工饲养的直接结果。

在鲑鱼洄游的河流中，食物是天然存在的。但要知道，现如今阿拉斯加和堪察加半岛的许多河流中的食物都是人工放养的。动物之间的距离非常近，母熊允许幼崽在某些公熊附近游荡。这就提出了一个问题：这是否意味着人类的存在和活动促进了熊的同居现象？

是否存在某个地方，在那儿，熊与人类从未接触过，它们从未穿过森林道路，从未听到过车辆或电锯的声音，从未闻到过汽油或机油的味道？我努力寻找皆徒然，这些地区一定非常有限，甚至根本不存在。几个世纪以来，猎人、淘金者和囚犯一直来往于西伯利亚和阿拉斯加。几个世纪之前，东欧乃至整个欧洲都比现在更偏、更荒凉。人们在森林中放牧、砍柴、打猎、筑路、修路。欧洲的熊最常在黄昏时分活动，以避开人类活动。在其他地方，如阿拉斯加和堪察加半岛，它们完全是昼伏夜出。

更不用说在人类的猎杀、诱捕和毒害下，熊已经基本消失的地区了。如果说对人类而言熊代表了某种野性的概念，那么毫无疑问，它已经在自己的空间里不断进化：它躲得越来越远、越来越高，学会避开汽车、公路、牧羊犬和徒步旅行者的噪声。在此情景下，我们又如何定义这种野性呢？

如今，在人类开辟的森林道路和小径上看到熊的情况并不少见。这些人类开辟的道路为它们的行动提供了便利。

在斯洛文尼亚，一只熊的脖子上安装了一台摄像机，记录它如何巧妙地躲避人类。在一个月的时间里，摄像机记录下了这只熊的行动往来、游戏、觅食、采摘苏子和挖掘甲虫幼虫的过程。但我们也可以看到，这只名叫托罗萨的五岁母熊在隐蔽处等待，只有在车辆经过后才会穿过林间小路，或者小心翼翼地靠近农场建筑。熊很聪明，只要有足够的时间，它就会学习、思考和逐步适应。

*

熊和狗

　　我第一次去芬兰时，在艺术家兼博物学家埃里克·阿利伯特的陪同下，带着一只受过专门狩猎训练的卡累利阿犬寻找熊的踪迹。在导游凯·尼霍姆（Kai Nyholm）的带领下，我们涉水穿过泥炭沼泽，寻找熊的踪迹。在这里，一个马蜂窝被挖开并被吃得精光，在更远的地方，一个树桩被有力的爪子撕开，以提取其中的白色虫子。在别的地方，一个蚁丘已被毁掉，只剩下一堆枯树枝，上面还有几只被激怒的蚂蚁在喷射甲酸，似乎是对着这个粗鲁的大块头发泄不快——因为熊刚刚破坏了蚁群多年的工作，并吃掉了蚁群的一部分。

　　卡累利阿猎熊犬和其他品种的猎熊犬一样，都是人类挑选出来的嗅觉灵敏的猎犬，类似的还有日本秋田犬、芬兰斯皮茨犬和俄罗斯莱卡犬。这些都是坚韧、顽强的狗。

　　在日本，我曾与卡累利阿犬一起追踪有项圈的熊，这些猎犬接受过蒙大拿州卡里·亨特（Kari Hunt）的专门训练。它们用来追踪熊，还可以很好地驱赶熊并使其远离人类的区域。

　　在丘吉尔，我遇到了一只名叫米坎（Mikan）的莱卡犬，它能击退体型比自己大四倍的北极熊。它会拼命追赶北极熊，并发出疯狂的叫声。北极熊不习惯这种攻击行为，它们会跑开，并且不会立刻返回。

我在斯瓦尔巴特群岛（le Svalbard）与一只叫扎格雷（Zagrey）的狗一起徒步旅行，扎格雷是雅库特来卡犬，驱赶北极熊的效率非常高。在乘塔拉号（Tara）双桅帆船在冰群探险期间，他受了伤，但对熊始终保持着极强的攻击性。多年后，他在流浪者号（Vagabond）帆船附近遇到了一只巨型公熊。熊根本不给他吠叫的时间。凌晨时分，人们发现扎格雷死在了它的狗窝旁……

由于存在猎熊的狗，人类选择让它们来保护羊群免受熊和狼等捕食者的伤害。

它们体型庞大，是主人及其财产的守护者：比利牛斯牧羊犬、阿布鲁齐牧羊犬、安纳托利亚牧羊犬或康加尔犬，这些高加索牧羊犬体型庞大，就像一只小熊。

这类狗从小就需要接受训练。它们必须出生在羊圈里，与羊羔一起长大，并接受特殊训练，一代又一代地保护羊群。如果不是在这样的条件下培育出来的狗，会完全丧失对付捕食者的能力，甚至会对人类造成危险。

正如我们所看到的，熊在地理景观中扮演着重要角色。它的存在迫使人们选择狗来追踪它或保护自己。熊开辟的道路指引人们穿越荒凉的地区，这为入侵者提供了便利，但熊也很可能因此为自己招来杀身之祸。

熊的好邻居

在研究熊这一象征性物种时，我们还必须考虑到与它共同生活的其他食肉哺乳动物。

有两个物种显然是不可或缺的：一个是非常著名的灰狼（Canis lupus），另一个是更神秘的狼獾（Gulo gulo）。

灰狼与棕熊共享整片区域：从加拿大北极平原到墨西哥边境，从坎塔布里亚山脉到堪察加半岛。

19世纪，狗与棕熊之间的搏斗，俄国

这两个物种均为食肉动物，但它们的生活方式、每

86

年出入的步调和分布都不尽相同。狼以小家族群居，它们是纯粹的肉食动物、捕食者，甚至是清道夫，全年都很活跃。

狼是所有家犬的祖先，它与人类相伴已有 3 万年之久。最早的人类以狼留下的尸体为食。他们从这些被驯化的狼身上选育出狗的品种，以保护自身和猎杀熊。

我曾有幸多次在不同的环境中观察到狼，这总是一个美妙的时刻。

第一次是在 1998 年，我们在加拿大最北端的埃尔斯米尔岛组织了·次探险活动，在距离极点 800 公里的地方扎营。我们花了两周时间在类似月球的地貌中寻找狼群。只有在溪流和河流两岸、碎石斜坡周围、岩石露头和冰川沉积的干旱土堆上才能看到植被，而这些植被反复受到冰冻和融化交替作用的影响。这里的动物非常稀少，而我们已经走到接近北纬 82 度了。在一个陷入小池塘淤泥中的麝牛尸体旁，我们放下睡袋，安营扎寨。那一年，整整四周，太阳几乎都没有离开过我们，一天 24 小时都是大白天。

我们睡觉的时候，一只好奇的北极狐来嗅我们的睡袋，把我们吵醒了。偶然、幸运、巧合，就在此刻，在山谷另一侧的山脊上，一只美丽的白狼像幽灵一样出现在蓝天下。这真是不可思议的神奇景象，就像一场梦——它终于出现了！我们在麝牛尸体附近待了 5 天。

狼群又回来了，每次多达 4 只，叼走肉块。我们总共花了 16 个小时观察狼群，这 16 个小时给同行的朋友留下了深刻的印象，20 年后的今天，这些共同的记忆仍然让我们团结在一起。狼群来到我们的脚下，在几米远的地方目不转睛地打量着我们。

戴维·梅奇（David Mech）的工作成果和吉姆·布兰登伯格（Jim Brandenburg）拍摄的狼群图片激励了整整一代博物学家。在月光下与这些白狼相遇，是我最美好的回忆之一。埃尔斯米尔岛上没有棕熊，海岸边有几只罕见的北极熊，只有狼与居住在这座巨大岛屿南部的因纽特猎人一起生活在食物金字塔的顶端。

熊和狼之间可能会发生互动。芬兰和黄石公园[29] 的一项比较研究表明，这两种掠食者会对麋鹿及其种群产生影响。春天，棕熊几乎没有能力独自捕杀成年动物，它们最常攻击的是新生的麋鹿。然后，成群的狼会猎杀成年驯鹿或驼鹿。熊会走到被狼群杀死的动物尸体旁，在狼群的注视下觅食。这种方式其实假定了狼群应该捕猎更多的动物，因为熊会成为其食客。但事实似乎并非如此，在熊活动期间，这两个物种之间不会竞争，而是资源共享。

熊的存在再次对环境产生了影响。

与熊类似，狼群存活至今，但也面临持续的威胁。作为一种务实而谨慎的食肉动物，狼在欧洲的某些地区重新站稳了脚跟。狼的优势在于它的繁殖能力和散播能力。

除了领地，狼和熊在人类的想象中占据了一个特殊的位置。这两个物种有着共同的命运。它们被教会驱逐，被农民憎恨，被生态学家崇拜，是人类对自然产生的恐惧和幻想的结晶。

在斯堪的纳维亚半岛和堪察加半岛，棕熊与一种奇怪的动物共享自然栖息地，这种动物的拉丁学名是"Gulo gulo"，这个名字很好听，可以翻译成"贪婪的食者"，换句话说就是"贪吃鬼"。在魁北克，它被称为"狼獾"。18 世纪时，它被称为"goulu"。

狼獾是水獭、朱雀、黄鼠狼、貂和其他鼬科动物的成员，是鼬科动物中最大的一种，体重在 8—15 千克之间，最高可达 30 千克。

狼獾神经质，总是匆匆忙忙，行踪诡秘，像一只伪装成熊宝宝的獾，它们在雪地上的足迹也非常相似。

狼獾的名声不佳，会吞食捕猎者陷阱里的动物，还会捕食小驯鹿和各种鸟类。由于爪子锋利有力，它爬树非常灵活。卡里·肯帕宁（Kari Kemppainen）告诉我，一只鹗的巢穴位于十多米高的、摇摇晃晃的树干顶端，却被狼獾掠夺。

这种狼獾生活在加拿大丘吉尔地区的树林中，在一位克里人捕猎者的记忆中，除非困死在陷阱里，他从未见过这种动物。

梅纳德博士（Maynard）在 1859 年的《堪察加回忆录》（*Souvenirs du Kamtchatka*）中向我们讲述了狼獾的故事，以及它用来捕杀驯鹿的奇妙手段：

> 狼獾已经离开了半岛上的河流；现在只能在阿纳德尔河和大陆上的其他河流两岸找到它。这种动物既狡猾又有远见，而且非常贪婪。当它想给驯鹿一个惊吓时，就会把驯鹿非常喜欢的苔藓捆成一捆，然后带着这捆苔藓爬到树上；驯鹿经过时，它就会把这捆苔藓扔掉，驯鹿就会停下来吃苔藓……贪婪的它就会跳到驯鹿背上，用前爪挖出驯鹿的眼睛，然后把驯鹿的脖子撕成碎片。[30]

事实上，梅纳德在 1770 年描述堪察加半岛时，一字不差地引用了斯捷潘·克拉琴尼科夫（Stepan Kracheninnikov）的叙述[31]，故事就是这样变成传说的。

在驯鹿繁殖区的南部，驯鹿曾被萨米人猎杀，像狼一样被消灭，但现在驯鹿的数量重新增加。我喜欢它的步态——摇摆不定的步态，突然的停顿，时刻警惕着。它在雪地里用扁平的爪子当雪鞋，跋涉数英里寻找食物。

与熊不同，狼獾不冬眠。它必须在雪地和极端温度下寻找食物。狼獾是食腐动物，在芬兰的瞭望台上很容易发现狼獾蹲坐在动物尸体之上。可以肯定的是，它一定是在跟踪熊。狼獾很谨慎，当熊坐在腐尸上时，它就会离开。当熊来吃东西时，它就会让路。当熊抛弃麋鹿尸体时，它总能找到骨头啃。

*

熊的地理学

伯尔尼（Berne）、蒙塔吉斯（Montargis）和奥尔希耶（Orcières）有什么共同之处？这三个相距甚远、知名或不知名的城镇有个共同点，名字里面含有"熊"：Berne（伯尔尼）当然包含日耳曼语词根 Bär（熊），Montargis（蒙塔吉斯）包含凯尔特语词根 artz，Orcières（奥尔希耶尔）包含奥克语词根 orcièra。此外，我还可以提到布列塔尼的普卢埃尔梅尔（Ploërmel）和迪纳尔（Dinard）地区，诺曼底的滨海贝维尔（Berville-sur-Mer）和康贝尔农（Cambernon）地区：在这些地方，熊销声匿迹已经好几个世纪了。这些地名提醒我们，当维京人在兰斯河口登陆或沿着塞纳河游览上述地点时，熊就已经出现了，否则，难道维京人的绰号是"熊"？

在明尼苏达州，一个耐人寻味的镇名是 Karhujoki，意为"熊河"，源自芬兰语中"熊"的单词"karhu"。在俄罗斯，阿巴坎镇（Abakan）的名字源于哈卡斯语中的"abas"（熊），或者古格鲁吉亚语中的"balakan"（小熊的皮）。所有这些城镇都有熊的印记。

有众多的世界地图上，有多少类似熊岛、熊河、熊岛、熊湾、皮科·德尔·奥索（Pico del Oso）的地名？人们以熊为这些地方命名，是为了向熊致敬，是为了记住一次美好的狩猎经历，或者一次不幸的遭遇。

住在小木屋的居民，或是拜访名字既诗意又引人联想的布里昂松中心医院"熊之林"（Bois de l'Ours）的人们，是否想过这个名字源于曾经栖息于此的熊？他们丝毫不会想到，在每天停车的停车场里，每年秋天都会看到熊在吃苏子或掠夺蜜蜂的巢穴。

地名会让人回忆起有关熊的故事。例如，比利时阿登地区的小镇安登（Andenne）就以熊作为镇徽。每年狂欢节期间，装扮成熊的人上街游行，游行队伍结束时，人们会把幸运熊玩偶扔向人群。在霍尔西耶路（Rue d'Horseilles）上有一座喷泉，名为"熊之泉"，上面有这样一段铭文：

7 世纪初，贝格（Begge）9 岁的孙子查尔斯·马特尔（Charles Martel）亲手杀死了一只在当地肆虐的熊。

从布列塔尼到比利牛斯山脉，从乌拉尔山麓到阿斯图里亚斯，熊的名字就像儿童游戏中的数字一样，洒落在卡片上，你必须把这些数字连起来。会拼凑出熊的图案吗？可能性不大，但可以肯定的是，熊的地理学将激发我们的想象力。

如果你来"熊的步伐"（Le Pas de l'Ours）度假，可以把自己的脚放在熊的脚上，并了解一下熊来到这里之前的历史故事……

山区度假者正沿着等高线蜿蜒而上的公路前往目的地，他们应该想到，最早开辟这条道路的可能就是熊。为了节省体力到达越冬的区域，熊沿着最佳高度的斜坡前进，匆忙而来的滑雪者也是如此。

观察棕熊、黑熊和白熊

足迹纵横交错，熊、狼和狼獾在这里的时间并不长，一切充满希望。我们溜进木屋，埃里克准备好铅笔和笔记本，我准备好相机和镜头。阴影在白雪覆盖的沼泽地上逐渐拉长。夜里很冷。埃里克在木屋里打盹，屋里零下 17 摄氏度。如果来一杯热茶或热汤就正当时。渐渐地，我们的视力适应了黑暗，眼前的景物也越来越清晰：树木、灌木丛、枯树干、岩石……没有什么值得注意的，但在深夜里探索却能带来难以言喻的感觉。最轻微的沙沙声、最微弱的吱吱声，都会把我们从浅眠中唤醒。白天，我们注意到有几只狼从附近经过，真遗憾……第二晚，在同样的条件下，我们沉浸在等待的喜悦中，一只乌鸦落在留下的腐肉上，吸引着捕食者。时间一分一秒地流逝，时间的概念也消失了……黎明悄然而至，天空泛起淡紫色，带来深深的寒意。平原寂静无声。它们没有来，狼獾没有来，狼也没有来，熊也没有来，我们会回来的。

这些笔记是我于 1997 年记录的，也可能是在 2012 年 2 月、2014 年 4 月或 2017 年 4 月写的，因为我一次又一次地回到这里，在冬末、在春天、在秋天。在芬兰木屋里度过了一天又一天，这些木屋其实很舒适。但是，为了看一眼狼獾的影子，在零下 10 摄氏度的花园椅子上待上 14 个小时，需要一定的耐心。连续数小时凝视风景，会让人进入一种近乎陶醉的状态。时间静止，思绪飘逸。至于对北极熊巢穴出口的观察，我们得等上好几年，跑上十几趟，才能首次看到一个真正的出口。然后，惊讶地发现……这只母熊脖子上戴着一个发射器项圈！我极度沮丧，因为我再也不可能见到第二只了。至于黑熊，20世纪90年代中期，我和家人来到阿拉斯加的阿南溪。我们乘坐水上飞机，来到一个藏在树下的A形小木屋。我们独自在河岸上看着钓鲑鱼的黑熊，湍急的河水把我们和它们隔开。一天傍晚，一只大熊来到我们门前躺下。我们大声说话，但它纹丝不动。后来，它终于从睡梦中醒来，悄悄地离开了。从那以后，我们对小屋周围提高了警惕。2016年7月，我又去了一次。护林员在等游客，并告诉他们安全状况，几十个服务人员带着行色匆匆的游客，他们拍照时，熊化身为照片的背景，游玩结束后，他们一边聊天一边等着离开。这是一个存活着十几只黑熊的神奇地方，但我不会再去了。

第五章　熊如何过冬?
——巨大的未解之谜

　　熊在看,也在听。无人知晓,它那狭长而狡黠的眼睛中究竟闪动着怎样的奇思异想;也无人知晓,当它凝视着那些遥远而未知的国度时,是何种未竟的欲望让它强壮的身躯颤抖不已。但那不是它的故乡,它从未去过那里。

　　　　　　　　　　　　——格雷·奥尔 (Grey Owl)[32]

　　一般来说,冬眠动物的体型都是中小型的:旱獭、睡鼠 (Elyomis quercinus) 或地松鼠都会冬眠。熊是半冬眠或越冬动物中体型最大的。

　　进入冬眠不仅取决于气温的下降,还取决于与光周期同步的内部时钟。同一物种在高纬度地区会较早开始冬眠,在高海拔地区更是如此。冬眠时间的长短也取决于气候条件。全球变暖导致熊进入冬眠的时间逐渐推迟,冬眠的持续时间也在缩短。

冬眠中的动物体内温度会迅速下降，但会维持在冰点以上，心率也会急剧下降。被称为"souslik"的地松鼠（Spermophilus sp.），心率会从每分钟 350 次下降到 3 次。睡鼠的情况更为明显：心率从每分钟 500 次下降到 5 次。同时，动物的血小板数量下降，血液的流动速度也减慢。

冬眠中动物的大脑似乎处于休息状态，但仍在继续执行循环和呼吸等重要功能。部分大脑表现出类似阿尔茨海默病的症状，神经元连接明显减少，但这些症状显然是可逆的。目前我们正开展研究，了解确保神经元活动在冬眠结束时恢复正常的相关机制，这或许可以为患有这种疾病的人提供解决方案。

冬眠的动物中途会定期苏醒，时间在 3—15 天不等。

有四种熊会在洞穴里冬眠：棕熊、美洲黑熊、亚洲黑熊和雌性北极熊。北极熊中，只有怀孕的雌性会在洞穴中过冬，以便产下幼崽。雄性北极熊、亚成年北极熊和交配过的雌性北极熊则不会冬眠，因为冬季为它们在冰原上提供了广阔的狩猎场，这也是捕捉海豹的最佳时机。

深秋季节，当白天变短和天气发生变化，就预示着冬天的来临，熊便开始寻找挖洞的地方。棕熊喜欢与世隔绝的地方，通常是海拔较高和靠近秋季觅食地的树木繁茂的山坡上。地理条件——如海拔高度和日照情况——会影响棕熊对冬眠地点的选择。要想在温暖的阳光下度过一个安静的冬天，就必须谨慎选择地点。要避免陡坡，以防雪崩；地势应不易积水，如此在雪融化时不会变得过于潮湿；最后，应远离人群。

公熊和母熊会选择不同的地方。岩石掩盖的地方或天然洞穴虽然简陋、不够舒适，但对于独居的熊而言已经足够。交配或怀孕的母熊则会寻找更舒适的地方：利用枯树或成型的蚁穴，又或自己挖洞穴。

不幸的是，即使熊已经采取了所有常规的预防措施，人类仍然会打扰它的宁静。直升机滑雪这种模式，即用直升机将滑雪者送到非常偏僻的雪坡上，会惊扰冬眠的动物，并可能导致雪崩。1998 年冬天[33]，阿拉斯加基奈半岛发生雪崩，一只雌性灰熊和它的两只幼崽被卷走。这个案例已被记录在案，但还有多少是在我们未知的情况下，冬眠的熊消失得无影无踪的事情呢？

灰熊经常在大树或树桩脚下挖洞，将树根用作洞穴的顶棚。它需要工作数天，有时甚至数周。洞穴一旦搭建完成，就用30—50厘米厚的针叶树枝丫或柔软的苔藓和草进行覆盖。一旦洞穴准备就绪，灰熊就会恢复秋季饮食。每年的这个时候，地面可能会被积雪覆盖，即使在阳光明媚的日子里也会感到寒冷刺骨。熊继续寻找食物：树根和浆果可以满足它的巨大食欲，并尽可能多地储备脂肪。在冬季第一场大风暴过后，它终于回到了自己的巢穴。瑞典的研究[34]表明，最影响熊进入巢穴的环境因素是室外温度和积雪深度。熊不会与寒冷抗争，它们会避免对抗并寻找庇护所。

在某些地区，如育空（le Yukon）或堪察加半岛，有些熊会徘徊不前，拖着爪子进入巢穴。这些熊被称为冰熊（ours de glace）。

堪察加半岛出现这种情况的原因之一是，在一些暖水回流的河流中还有一些死鲑鱼。这些鲑鱼是可获取的食物来源，而姗姗来迟的冰熊正是利用了这一点。

这些熊不太受当地居民的欢迎；它们被边缘化，有时还被认为很危险。年老的公熊因为没有足够的储备而变得脾气暴躁。它们的名字和传奇故事关联在一起，正如娜斯塔西娅·马丁（Nastassja Martin）叙述的[35]：

查塔姆（Cha'attham）在阿拉斯加被称为

"冰熊"，查图姆（Chattoum）在堪察加半岛被称为"不睡觉的熊"（它们具有相同的一般性特征）。由于不休息，它知道自己很虚弱，永远处于危险之中，饥饿使它发疯。为了弥补自己的弱点，它把自己浸泡在河水里，在冬天来临时仍在水坑和沼泽里打滚，直到身体周围结成厚厚的冰甲，这样就很难被杀死。它意识到自己身上充满新的力量，但被自己的疯狂蒙蔽了双眼，于是开始吃人，这进一步加剧了它的疯狂。

在熊穴里，无论是黑熊还是灰熊，都会把自己蜷成一团，陷入沉睡。但如果受到惊扰，它们会非常快速地醒来。洞外，无情的大雪将它与光和寒冷隔离开来，使它与世隔绝。在接下来的5—7个月里，它不吃不喝，也不大小便。粪便会阻塞肠道，尿素可以全部转化为氨基酸。据推测，尿素会通过血液从膀胱进入肠道，并在肠道细菌的作用下被回收利用。它的体温会下降近5摄氏度，心率会从每分钟40—50次（夏季心跳频率）减慢到只有8或10次，整个新陈代谢降低25％。虽然耗氧量减半，但血红蛋白含量的增加使其身体机能达到最佳状态。在生命机能减慢或暂停的情况下，熊可以在将近一个月的时间里一动不动。正如我们稍后将看到的，在越冬期间，照理说熊的状态应该与人类一样，会引发心血管疾

100

病、肾脏疾病和骨骼衰弱（骨质疏松症）。它很肥胖，六个月都不动，却没有这些症状。

ENFANS DÉVORÉS DES OURS. IV. Rois, chap. II. 249

Des enfans se mocquans d'Élisée, sont déchirés par des Ours.

"他转身去看他们，并以耶和华的名义诅咒他们，于是两只熊从森林中出来，吃掉了这42个孩子。"（《列王纪下》第2章第24节）

如果说进入巢穴是由环境变化引起的，那么离开巢穴则是由生理变化引发的。占首位的生理因素是体温升高，心率的增加会更突然，随后身体恢复行动。

我还记得我在瑞典去过的一个巢穴，离森林小径只有几米远。洞里的"床"舒适干净，兴许我可以在上面小睡一会儿。墙上有抓痕，地上铺满了蓝莓枝。熊窝并不大，最长的地方只有 1.2 米，这是利用最小的空间在最大程度上保暖。

我对熊窝最深刻的记忆是关于北极熊的，这是我能回忆起的第一个案例，也可能是最后一个。1995 年 2 月，我想拍摄熊巢穴的内部，同行的还有克里印第安人莫里斯（Moris），他是一名捕猎者，他父亲也是围捕北极熊的猎人。我们沿着丘吉尔南部的林木边缘行驶。积雪很深，雪地车行驶缓慢，气温在零下 30 摄氏度左右，天气晴朗。经过几个小时的搜寻，几棵云杉引起了莫里斯的注意，这些云杉显然遭到了动物的破坏：幼熊和它们的母亲走过的痕迹出现在一个洞穴的入口四周，这是一个直径 50 厘米的大洞。那时，莫里斯担任向导时间不久，他判断母熊已经离开了这里。

我准备一头钻进洞里，一瞬间的犹豫和条件反射让我把一块冰扔进了脚下的通道，一声"呜呜"在积雪下响起！我们立刻跳回车上离开，幸亏车没有熄火。在距离 500 米外的观察哨上，我们看到一只母熊和它的两只小熊从洞里钻了出来……这是个教训：永远不要相信新手向导。

几年后，我再次和莫里斯一同前往，这次是在看到母熊和它的幼崽走出洞穴后，我才溜了进去。里面的空气几乎是凝固的，没有任何气味，干净得无可挑剔。一只母熊在这一立方米的空间里度过了五个月，生下了两只小熊。墙壁上的爪痕表明，母熊曾刮雪铺地。光线透过两米厚的积雪，呈现出乳白色，这些积雪保护着这个家庭抵御北极冬季的凛冽寒风。幼崽的窝有点像袋类动物的小袋，是母亲的子宫和外部世界之间的一个连接，也是适应野外生活的一个气闸。

印第安人的一个传说告诫我不要去熊窝："一日，有人在初雪前的秋天去猎熊。天气很冷。他终于找到了一个熊穴，杀死了熊。然后，由于天气非常寒冷，他爬进了熊穴，这似乎是个过夜的好地方。他在洞口堆了一些草以遮挡空气，然后就睡了。他不时醒来，翻个身。终于，他醒了过来，但感觉很奇怪。他脸上的皮肤在颧骨周围收紧了。他听了一会儿，听到门外有苍蝇的嗡嗡声。这是春天来了。

"他问自己：'我睡了一个冬天吗?'于是他走到外面，发现他杀的熊的残骸上满是苍蝇。他感到非常虚弱，花了很长时间才回到家。人们见到他都很惊讶。他们整个冬天都在找他。有人问：'你父亲没告诉你不要睡在熊窝里吗?'"

尤其是在日耳曼传统中，人们无法想象这么大的动物

103

会不吃东西过冬。他们想象熊会吸吮自己的爪子。对萨米人来说，住在地下的小精灵乌尔达斯给他们提供食物。约翰·图里（Johan Turi）[36]给我们讲了一个美丽传说：

> 一个小女孩在熊的住所过冬，乌尔达斯也给她食物。那个冬天，她睡得特别香，熊也睡得特别香。但熊是公的，还把女孩肚子搞大了。

冬天会发生很多奇妙的事情。我记得东西伯利亚马加丹地区的一位警卫告诉我，有些熊在春天走出洞穴的时候，身上会长有一些无毛的斑点。据他说，小啮齿类动物会拔掉熊毛并用它来做窝。他曾经拍下了这样的照片：熊背上的部分毛发像被虫蛀过的地毯，好似被剪成了碎片。老鼠一定度过了一个温暖的冬天。

熊在冬天也会走出洞穴，到周围地区进行短暂的活动。由于近年来天气多变，这种情况似乎更频繁。在保加利亚、爱沙尼亚和意大利，人们曾在隆冬时节观察到熊的足迹。大地突然解冻，熊可能误以为春天已到，走出洞穴才意识到外面还有雪，还没到苏醒的时间，然后它又回巢穴睡下了。

熊在秋天消失，在春天重新出现，就像一次名副其实的重生，这似乎自古以来就令人着迷。

再次引用奥尔多·利奥波德在《沙乡年鉴》[37]中的一段话：

> 每年春天来临，当温暖的风吹散了雪地上的阴影时，老灰熊就会爬出它在碎石中冬眠的巢穴，下山来砸碎一只牛的头……没有人见过老灰熊，但透过泥泞的泉水，你可以看到它不可思议的足迹。这景象让最厉害的牛仔也意识到了它的存在。

众多美洲原住民特有的入教仪式证明，美洲印第安人从青春期到成年期的转变与重生联系在一起，就像熊冬眠后所做的那样。在他们所有的精神传统中，这是最普遍的传统之一。这种仪式包括青春期仪式、巫师的入教仪式和男女加入秘密社团的仪式，大陆的每个部落都有这种仪式。仪式千差万别，所依据的神话也各不相同，虽然存在差异，但某些共同特征却与冬眠的熊有相似之处：长期与世隔绝、禁食、带有象征意义的死亡和重生。在许多入教仪式中，第一阶段是从家庭和村庄中隐退。新手被引导至或独自留在一个指定的地方，有时是森林或沙漠深处，有时是营地边缘。他或她可能会进入一个与世隔绝的小屋或洞穴，或只是在有遮盖物的地方休息。

与青春期仪式相似，成人加入秘密社团的仪式以死亡和出生的象征为中心，这与熊每年的周期活动相似。社团成员深信，死后他们将在另一个世界获得新生。

在世界各地，村庄和社区都会举行熊节，欢迎这只前来勾引少女的动物。熊象征着万物复苏、春天回归、光明重现和新生命的诞生。人们把自己装扮成熊，野兽和人类融为一体。他们因相同的命运而团结在一起，既要相互对抗，又要共同面对困难，熊的回归代表着对未来美好生活的希望。

正如米歇尔·帕斯图罗指出的，面对与熊相关仪式的盛行，基督教不得不奋力抗争，以加强自己的地位。不仅要从肉体上消灭熊这个物种，还要霸占为熊保留的节日和日期，这才是熊让步的必要条件。

在比利牛斯山，庆祝熊的活动从 2 月 2 日开始，天主教将这一天定为耶稣献于圣殿的日子，这一天也是天主教和东正教的烛光节或烛光日。同样就在这一天，熊应该会暂时离开它的巢穴，40 天后它会永远离开巢穴（从冬眠中完全苏醒）。

在俄罗斯，人们认为熊会在 3 月 20 日—4 月 15 日之间离开巢穴，而复活节在3月22日—4月25日之间，庆祝基督复活。复活节显然是为了对抗异教的万物复苏节和春季节日而设立的。

阿伊努人的熊祭（北海道岛）

北海道岛是日本最北端的岛屿，非常迷人。这里多山，冬季积雪深数米，北面是鄂霍次克海的浮冰海岸。

我曾多次在冬季到岛上观察鹤、天鹅和斯特勒鹰，夏季则观察棕熊。你会不由自主地对之前在那里生活过的原住民——阿伊努人——产生兴趣。现在已经没有多少人声称自己是阿伊努文化的一部分了，但舞蹈、歌曲和手工艺品在一些社区依然存在。在所有地方，游客都能看到熊的形象，它嘴里叼着一条鲑鱼，或者展现出威武的姿态，但与最初的崇拜已无太多关联。这个万物有灵的民族对熊的崇拜可能超过了西伯利亚的任何民族。

每年冬天，一群猎人都会离开村庄，到熊窝里抓一只小熊带回村子。据说这只小熊由酋长家中的女奴哺乳。当小熊难以驯养时，它就会被关进高跷上的笼子里。第二年初冬，人们会为它举办一场盛大的宴会，并将它献祭。这场完美的仪式是为了祭祀熊的灵魂，为村子求情，确保狩猎顺利。

这种纯粹的祭祀活动一直持续到 20 世纪初，由于村庄和家庭遭到破坏，祭祀活动逐渐减少，后来成为吸引日本名人来访的一个景点。1938 年，安德烈·勒罗伊-古尔汉（André Leroi-Gourhan）到阿伊努人那里旅行，他告诉我们，男人喝得酩酊大醉，吃着熊肉，女人则神情恍惚地跳舞。仪式结束时，熊的头骨会和其他动物的头骨一同被供奉于神圣的高墙上。

作品《坠落，坠落，银之滴，熊神之歌》（*Tombent, tombent les gouttes d'argent, le chant du dieu ours*）中的优美文字让我们对阿伊努人如何体验人与熊的关系有了一些了解：

> 当
> 他们精心喂养我。
> 我的人类父亲
> 在酿制清酒。
> 很快，酒就做好了。
> 女人们和男人们

聚集在一起，热火朝天地工作；

凿木头和刨木头的人

齐心协力地挥舞着匕首，

其他人则开始做准备工作。

最后，

我出发的日子定了下来。

我的人类父亲邀请了村里的人，

他们为我表演了精彩的节目，

直到我不得不离开。

清酒交换，日本酒交杯，

阿伊努酒献给我。

我吃掉年糕和猪肉，

受到了隆重的庆祝。

我的人类父亲向诺耶夫人祈祷并向她表示敬意，

并分别给她送去了

美味的清酒和猪排。

我背上酒壶和金酒

回到我神圣的父亲身边，

我的神母。

阿伊努人祭祀仪式结束后，熊的头骨被安放在桦木制成的装饰中

第六章　北极熊，诗意地理学动物！

> 这只浮冰骑士，这只上帝之犬，拥有 12 个人的力量和 11 个人的敏锐，寒冷地区的人们对它肃然起敬，称它几乎就是因纽特人，它每年在寒冷地区巡游，并不曾被诗意化看待。它的唯一目的就是找到可以吞食的猎物。
>
> ——皮埃尔·佩罗（Pierre Perrault）[38]

在详细描述棕熊时，不可能不提到北极熊。遗传学表明，这两个物种是近亲。撇开科学不谈，如果说棕熊是每个人的想象，那么北极熊则占据着另一个更神秘的位置，它散布在世界屋脊的各个角落，像一位舞者，傲慢而随意地漫步着。

北极之夏的薄雾中，一个小点从容地移动着，这总让我想起电影《阿拉伯的劳伦斯》（*Lawrence of Arabia*）

的第一个镜头：一个骆驼夫的模糊身影从沙漠中走出来，沐浴在炎热的雾气中。在远处的浮冰上，一只熊露出一个淡黄色的头，周围的冰面更白一些。我久久地扫视着地平线，寻找远处的北极熊。表面平坦的冻原就像一片鹅卵石和矮柳树的海洋，北极熊在其中缓步行走，从一个山凹走向另一个山脊。

当你在北极地区寻找北极熊时，你必须寻找任何不同于灌木丛或冰块的东西，这样的场所太多了。北极熊经常在冰碛中蠕动，寻找最佳、最不湿滑的通道。对北极熊观察得越多，就越能预测它的行动。它的主要逻辑是节约能量，避免过热。通过观察北极熊活动的地形，我们可以看到它在我们最意想不到的地方出现。罗伯特·海纳在雕刻獾时曾经说过："你必须变成一只獾，必须移动一只獾来把握最微小的细节。"因此，你必须变成北极熊，才能捕捉到它。

当你用望远镜观察一个相当大的白点在地平线上移动时，首先映入眼帘的是它移动的速度。在嗅觉的指引下，北极熊向着有食物的地方走去，或者只是在两个狩猎区之间穿行。它总是以每小时 4 公里的速度行走，丝毫不顾及地形或地层。它按照节拍器的节奏面无表情地向前走，以确保有足够的速度走完长距离，同时优化能量消耗。它从不热身，除非人类或者过于急切的同伴迫使它这样做。当它的身影在镜头中越来越清晰时，让人惊讶的是它的脖子上面顶着一个小脑袋，它的脖子很长，不断地左右摆动。当它离我们只有几百米时，你会觉得它的腿部非常高，就像四根承载着一个重顶的希腊柱子。它的腿很宽，但也显得修长，特别是前腿。后躯巨大而沉重：它只需稍稍抬起身体，就能直立起来，像扎根进苔原上一样。

北极熊善于行走，为了寻找海豹，它不停地在冰原上走动。研究北极熊的运动特别有趣，因为它能让人联想到北极地区所需的极端适应性。

当北极熊从水中爬上冰面时，我们觉得它应该是滑行、侧滑上去的，但事实并非如此。它的脚垫很粗糙，脚毛（尤其是体型较大的雄性北极熊）加强了抓地力，但最重要的是，它的爪子可以从内向外地旋转拧出水分。在显微镜下，我们可以看到它腿底部的毛发上有像水沟一样的细沟，便于排出水分，三步之后，腿部就会变得干燥，从而达到最大的抓地力。

我有幸与自然历史博物馆运动实验室的团队一起进行这项工作，研究结果表明，熊的步态是调节其体温不可或缺的一部分。移动速度越快，它的体温就越高，会导致热量白白被消耗。最近，人们对北极熊毛发的特性产生了争议。20 世纪 70 年代，尼尔斯·阿雷·厄斯特兰（Nils Are Øristland）[39] 发现，北极熊毛发的功能就像光纤，可以将太阳辐射传导至黑色皮肤。20 世纪 90 年代，他的结论受到质疑：这些毛发只是一种机械防护，但也只有北极熊的毛发才有助于热保护。2016 年，一项新研究重新审视了之前的研究结果，证实北极熊的毛发确实和太阳能传导无关。但是，如果单根毛发太短而无法充分发挥作用，那么一束毛发就能提供真正的效率。穆罕默德·哈塔布（Mohammed Khattab）[40] 的研究成果已被杜塞尔多夫的纺织工程师用于制造一种高效的家用隔热纤维。当熊在浮冰上游荡时，在这个没有其他地标的世界里，它靠嗅到几公里外的气味来判断方向。因此，如果有人类在附近，它就会知道。

高度发达的嗅觉让熊察觉到一种不寻常的生物：那不是海豹或海象，它犹豫了。它嗅着空气，用小眼睛仔细观察着这个让它感兴趣的身影。然后，它站立起来完成分析，熊的后腿像一座控制塔。

北极熊发现了你，闻到了你，看到了你：所有这些信息都能让它制定出相应的策略。它很好奇，如果它不认识人类，就会走近你，它表现得很高贵且没有攻击性。显然，你必须让它明白，这么近的距离内它是不受欢迎的。如果它认识人类，如果它已经和鞭炮、喊叫甚至橡皮子弹打过交道，它大概率会走自己的路。如果它饿了或受伤了，可能不会直接接触人，而会寻找一个观察哨等待。它在海豹呼吸孔的边缘等待，头靠在前爪上，就像一个不动声色的、耐心的思考者。它等待着营地恢复平静，等待着徒步旅行者重新出发，当它权衡了冲突的潜在风险和一顿美餐的可能性之间的利弊之后，就会发动攻击。2011年8月在斯瓦尔巴群岛发生了一起令人痛心的事件，一群英国青少年在冰碛迷宫中扎营，几乎没有监控，也没有警报，一只饥饿的熊走了进来，然后悲剧就发生了：一名少年被拖出帐篷，另一名少年被毁容。熊被向导射杀，但太迟了。

在我们与北极熊接触的过程中，北极熊有时靠得很近，太近了。比如在拉布拉多北部的托恩加特山脉，我们想拍摄北极熊捕捉北极红点鲑的场景。在几公里宽的广阔河口，一只熊在河里游荡，河里没有鱼。它对我们一小群人很感兴趣，平静地向我们走来，没有任何攻击的迹象。它是来看我们的。50米，30米，仍然没有任何担忧或紧张的迹象，15米……我们必须做点什么。我们在国家公园里，只能敲响警钟。我们的向导阿兰瞄准它并开枪。熊被吓了一跳，踩在燃烧的火箭上，翻了个跟头，不慌不忙地钻进水里，然后若无其事地在柳草丛里打滚。它的意图是什么？纯粹是好奇吗？正如我常说的：

"如果你知道熊的下一步行动，那么你就比它还要清楚它自己。"

1922 年，让-巴蒂斯特·夏克在"为什么不?"（Pourquoi-Pas?）号上向船员讲述北极熊时，开创了一个新时代：与当时的同行不同，他没有猎杀动物，而是试图向船员传递某些价值观，包括尊重野生动物和环境。夏克在他的《格林兰海》（*La Mer du Groenland*）[41] 一书中写道：

> 这头最完美的野兽显然知道，即使是猎人也急于取悦我，让它冒着挨枪子的危险。终于，"美人鱼"被我们的怒吼声打动了，它沿着冰块的边缘慢慢走着，然后背对着这些吵闹的动物，迈着沉重的步子穿过冰块，潜入水中，不紧不慢地游向更远的浮冰。

然而，直到几十年后，这位开明先驱的理念才成为主流。

但是，这种意识流行一段时间之后，我们又进入了一个新时代。在这个时代里，动物难道不是变成了偶像，变成了媒体之神？捕食者的野蛮消失在情感的外衣之下，优雅、孤独的植物成为一些人无耻操纵的政治和经济武器。无论老幼，人人都认识熊，给了它一个身份、一个名字、一个绰号。它可爱、优雅、威武、凶猛、可怕、受到威胁、濒临灭绝。每个人都有自己的看法，但真相究竟在哪里呢？真相就在其中……

在极北探险家的故事中，北极熊无处不在，它体现了北极的极端严酷以及西方人为征服地球上纬度最高的地区而不得不面对的危险。版画描绘了人类与后腿站立、高高在上、充满威胁的北极熊之间的斗争，英勇的探险家最终赢得了胜利。实际上，北极熊从不站立攻击，因为它站起来会失去平衡。它攻击人，是因为它面对的是手持木桩的水手，而水手想要刺穿它，它被迫发动攻击。这个例子表明，北极熊的形象经常不由自主，而且长期以来一直如此。

对于因纽特人和西伯利亚北极地区的其他民族来说，北极熊并非文学隐喻或传播符号。数千年来，他们一直与北极熊生活在一起，看到它们，闻到它们，杀死并吃掉它们，靠出售熊皮为生。在贝尔纳德·萨拉丁·德安格鲁尔（Bernard Saladin d'Anglure）看来，"北极熊是另一类人"。显然，这种关系已经发生了变化。虽然北极熊不再是因纽特人宇宙观中的神殿动物，但它仍然是努纳维克和努纳武特某些社区生活的重要组成部分。北极熊皮的销售和外国猎人的身影可以成为重要的资源。不过，猎捕跖行动物（指熊）也是为了传承祖先的知识。北极熊生活的冰原是一个艰苦且不断变化的环境：你需要有很强的动力去那里冒险，要想了解那里，你需要在很小的时候就学会"阅读"地形。对这些生活在世界边缘的人们来说，北极熊具有重要的经济、社会和文化意义。

在第二个千年的历史中，北极熊经常出现在媒体上。西方人对北极地区资源的兴趣由来已久，由此引发的冲突也屡屡发生。早在 9 世纪，维京人就与因纽特人发生了冲突。后来，丹麦人、荷兰人和英国人为争夺斯瓦尔巴群岛最好的捕鲸场而大打出手。17 世纪，法兰西王国和英国王室为争夺哈德逊湾多汁的软黄金市场——海狸皮毛——的控制权而发生冲突。

北极熊经常出现在这些冲突的图腾中，作为装饰元素，甚至作为表示效忠的礼物。

人们出卖熊皮，有些人甚至付出了生命的代价。几个世纪以来，捕猎者和冒险家占领了加拿大、斯匹次卑尔根和格陵兰岛的广袤冰原，为他们的赞助人和政府带来了巨大的利益。在散布于加拿大北极地区的哈德逊湾公司的供货详细名单中，北极熊曾短暂地出现过。当时，因纽特人并不从事北极熊贸易，而是将北极熊留作自用。

在格陵兰岛,北极熊被定期捕杀,直到第二次世界大战爆发,丹麦和挪威才得以保留对该岛东海岸的主权。在斯瓦尔巴群岛,挪威人大肆屠杀北极熊,每次捕杀都是一长串的毒杀、火烧和各种陷阱。捕猎者捕杀的北极熊的成百上千张皮堆积如山……

这种屠杀证明了消灭这一物种的决心,以便为其他活动开辟领地,要在物理层面和象征意义上消灭统治这片土地数千年的领主。

几十年后,人们的态度发生了变化。"北极的领主"成了游轮和极地旅行社的诱人产品,游乐项目光鲜亮丽地许诺可以一睹浮冰上的踽行动物。旅游局和旅行社宣传在最佳条件下无风险地观赏北极熊的可能性。只有一个细节:斯瓦尔巴群岛以北的浮冰越来越多,看到北极熊的机会从可能变成了不可能,北极熊再次成为神话。当游客在 500 米外发现一只北极熊时,他们都会为之倾倒。

在北欧,人们提议增加游轮,这也与挪威发展群岛经济的需要相吻合。挪威的对面是俄罗斯,根据 1920 年的《巴黎条约》,俄罗斯在那里拥有煤矿。北极熊正在成为一个卖点,有助于提高地缘政治的定位。

早在 20 世纪 60 年代末,专门研究北极问题的科学家就意识到，必须采取措施保护北极熊，预计这一种群将来会达到1万只。虽然当时正值冷战时期，北极地区的五个邻国之间关系紧张，但俄罗斯、美国、加拿大、丹麦和挪威的生物学家还是本着务实的精神，联合成立了北极熊研究小组，即北极熊专家小组。他们游说本国政府于1973年签署了一项国际条约。在此之前，没有任何条约能将这些国家联合起来。北极地区的政治轮廓确实是近期才形成的。例如，直到1867年，阿拉斯加才成为美国的一部分，斯瓦尔巴群岛自1920年起由挪威正式管理，而加拿大的北部领土在20世纪30年代甚至更近的时期仍受到威胁。

挪威驻巴黎大使、北极问题专业律师罗恩·法夫（Ron Fife）指出，围绕北极熊成立的联盟为1993年成立的北极理事会奠定了基础。政治家取代了生物学家，北极熊不再仅仅是北极的象征，而是代表了整个北极地区。

随着陆地边界的划定，各国的领土主张开始扩展至北极大陆架区域。五个沿海国希望扩大在北冰洋深处的区域，从而有权开采海底和地下所有经济资源。

淘金、捕鲸和猎杀北极熊的时代一去不复返。现在，石油、天然气、深海捕鱼和所有隐藏在冰层下的资源才是国际极地关系的核心。

自 2007 年以来，北极熊已经从北极流浪者转变为超级明星。它登上了杂志的封面，成为国际会议和宣传活动的主题。当然，阿尔·戈尔（Al Gore）的电影《难以忽视的真相》（*Une vérité qui dérange*）推进了这头舞台巨兽事业的发展。这部纪录片讲述了北极熊在波弗特海淹死，浮冰解体，温室气体增加。这些论述清晰、明了、准确，就像美国前副总统的竞选一样。诚然，这一事实具有误导性和刺激性，尤其是曾经危言耸听的预测在十年后并没有实现时，气候怀疑论者就会跳出来。

　　一些协会和动物园将北极熊视为一种"值得投资"的物种。2006 年，柏林动物园迎来了一件喜事：小北极熊克努特（Knut）刚刚出生，就被母亲抛弃了。随后，一个美丽的故事用白色的丝线编织而成：一位饲养员用奶瓶喂养着这个圆滚滚的白色"婴儿"，它在摄像机前贪婪地吮吸着。两年后，饲养员在无人问津中去世。柏林动物园在证券交易所上市，游客从欧洲各地蜂拥而至。但是，2010 年的一个星期天下午，克努特疯了，死在了他失望的粉丝面前，故事也就此结束。丹麦、加拿大、俄罗斯和法国的其他动物园纷纷效仿。幼熊如雨后春笋般涌现，新闻稿和媒体宣传也是如此。冷藏室、装饰、游戏和玩具改善了被圈养动物的生活环境，这些都是为了让人们对北极领主的生活条件放心。但这其中，谁成了真正的富翁呢……

知名生物学家甚至发表了这样的论述：熊如果不挨饿，得到照顾和喂养，就能活得更长。这难道不是美好的生命吗？

原则上，没有哪只熊会来敲动物园的门，一辈子在四面都是墙壁的地方每天转几百圈，在浑浊的水池里游泳，忍受孩子不绝于耳的哭闹声，在固定的时间等待自己的那份食物。

更有甚者还提到全球变暖和拯救物种的必要性，乃至基因混合以重新繁衍北极熊的必要性。面对可能消失的物种，动物园成了唯一的出路，并在其新闻稿中抹黑野生北极熊的形象，还被某些善意的非政府组织贴上了标签。

北极熊成了一种营销工具，一种亏本出售的商品，被置于端头货架陈列区。

但究竟有多少北极熊呢？大约有十年的时间（因为并不是每天都在统计北极熊的数目），北极熊专家组公布的北极熊数量在 2 万—2.5 万只之间。

在此期间，非政府组织和动物园都在宣传这一物种正受到威胁。毫无疑问，北极熊正在减少，但还达不到濒临灭绝的程度！2017 年，新的统计结果得到了验证：种群数量在 2.2 万—2.7 万只之间，将有可能在 50 年内大幅减少。

思路必须进行调整，在筹集资金和煽动舆论方面大有用武之地的策略和方法不再起作用了。

同时期，各大石油公司在北冰洋的勘探项目也在逐步退缩，但此刻宣称环保获得胜利是没有意义的。就目前而言，开发这些区域的技术并不可靠，至少在海上是如此。而且，在全球所有屏幕上看到北极熊被困在石油中的风险，会让董事会成员不寒而栗。研究成本高昂，不确定性大，公众舆论也不看好。我们只需等待油价飙升，届时消费者对风险的关注将会减少。环境保护和动物种类保护能否得到重视，实际上取决于购买力。

尽管北极熊被工具化，但它其实是一种美妙的动物，完全适应极端的环境，但它在媒体上的威风形象不应掩盖其他物种的存在，这些物种可能面临更严重的威胁。海象、独角鲸、极地狐狸和驯鹿遭受环境变化的影响，面临生存挑战。

对于北极熊来说，全球变暖及其对冰群的影响无疑是最大的威胁。然而，不同地区的北极熊面临的风险各不相同：斯瓦尔巴群岛和波弗特海等地的一些北极熊种群实际上已濒临灭绝，而加拿大极北地区的北极熊种群受到的威胁则没有那么严重。不应忽视洋流和气流往北带来的污染、干扰，人类活动和旅游业的增加，矿业以及海上交通日益频繁所引起的负面影响。

北极熊也处于北极地区日益增长的战略利益交汇点。它无疑是一种地缘政治符号，既是善意的催化剂，也是象征、恐吓工具和广告对象。它还是一个多才多艺的销售代表：成了钻石矿产、动物园或非政府环保组织的标志。

但最重要的是，它或许是诗意地理学的象征。肯尼斯·怀特（Kenneth White）[42]在谈到乌鸦时说："乌鸦是多语言动物，会说巴塔哥尼亚语、阿尔冈昆语和因纽特语。"而北极熊则用自己的语言和词汇与我们对话。

北极熊态度随意，对世事了如指掌，似乎在最高的纬度嘲笑世界。就像诗人一样，它以一种冷漠的态度注视着我们的世界，注视着路过的游客，注视着打扰它午睡的货车，注视着吓跑它的直升机和破冰船。

它的未来是不确定的，但它不知道这一点，它没有人类那种对未来、对要走的路以及与谁一起走的苦恼。

北极熊不在乎谁会让它屈服，它就像《悲惨世界》中挥舞旗帜的加夫罗什（Gavroche），站在共和国的路障上，不知为什么，也不知为了谁。它像哲学家一样，向我们提出问题，向我们发出挑战，但仍然继续前行。

它知道的是，这一切与它无关，因此它似乎在对我们说："自己想办法吧！"

北极熊是动物园的摇钱树

2012 年，全球 120 个动物园共饲养了 330 只北极熊，数量正在下降。沐浴在绿水中的巨大、衰老、神经质的北极熊不再受欢迎，但从野外捕捉"新鲜"的北极熊已不再可能。一个事件打开了潘多拉的盒子。

柏林动物园克努特的例子推动了圈养北极熊幼崽的流行。当克努特于 2006 年 12 月 5 日出生时，动物园已经 30 年没有北极熊出生了。在饲养员的悉心照料下，它才得以存活下来。

小克努特出生那天，有 400 名记者蜂拥而至，随之而来的是媒体的疯狂报道。来自欧洲各地的游客涌向柏林，动物园的股价在一周内翻了一番。周边产品很快涌入商店，柏林动物园注册了"克努特"商标。这只幼熊与莱昂纳多·迪卡普里奥（Leonardo DiCaprio）一起登上了《名利场》（*Vanity Fair*）的封面，成为一首歌曲的主题，并成为一个糖果品牌的灵感来源……2008 年 9 月 22 日，它的饲养员托马斯·多尔弗莱因（Thomas Dörflein）在人们的漠不关心中离世。

2011 年 3 月 19 日，患有神经系统疾病的克努特在数百人的注视下因痉挛去世。人们拍摄了它的痛苦过程，并筹集资金修建了一座陵墓。柏林动物园在经济和媒体方面取得成功后，其他动物园也纷纷效仿。美国哥伦布动物园在 1994 年关闭了北极熊围栏后，于 2010 年开放了极地区域，其间曾有两只北极熊出生，但当时的媒体报道少了很多。

丹麦科林德动物园的幼熊锡库（Siku）是另一个媒体报道的成功案例：它出生于 2011 年 11 月 22 日，在出生两天时就从母亲身边被抱走，因为据新闻稿称"它面临着致命的危险"。作为时代的标志，锡库自出生起就在脸书上拥有自己的主页，粉丝可以关注它的成长，它是一位获得了 6.2 万个赞的"公众人物"。紧随其后，纳努（Nanu）和努诺（Nuno）的成长也开启了同样的模式。2018 年 4 月，英国宣布了 25 年来的第一个新生幼熊。小哈米什（Hamish）出生在苏格兰。

人工饲养下出生的幼熊数量激增：2011 年为 9 例，2012 年 11 例，2013 年 11 例，这还不包括在中国出生的幼熊数量。官方甚至还制作了显示幼熊出生日期的日历。

2018 年初，于 2017 年 11 月或 12 月出生的熊崽的相关公告出现在所有媒体上。这些公告实际上是在免费为动物园做宣传。

在美国，圣路易斯动物园为此投资了 2 000 万美元；在法国，安提布海洋公园花费 350 万欧元建造了一个冷藏室。投资呈爆炸式增长，很难相信这些私人机构在投资时没有考虑到潜在的盈利能力。新闻稿对这些设施赞不绝口，你几乎可以想象，如果北极熊知道这些设施，它们还会离开冰原，来到这些冷藏的伊甸园吗……

这些项目是国际战略的一部分，正如安提布海洋公园在其官方网站上指出的："为了保护这一物种，海洋公园希望启动一项北极熊繁育计划，并正在与欧洲繁育计划（Programme Européen d'Élevage，EEP）合作。"

2014 年 12 月 23 日，在科隆布，两只幼熊在出生时或几小时后死亡。2015 年，在拉努阿公园（拉普兰）有两只幼熊死亡：母熊生下幼崽后，吃掉了它们，而这只母熊曾于 2012 年产下另一只幼熊，后者被立即送往奥地利。2018 年 3 月，诺曼底的塞拉（Cerza）动物园接收了来自荷兰的两只小母熊。2018

年 4 月，新加坡动物园宣布了第一批新生熊崽，但同时宣布对其 27 岁的成年熊实施安乐死。2016 年，一只来自德国罗斯托克动物园的北极熊被转移到丹麦奥尔堡，在 14 岁时接受了安乐死。让北极熊活得比在野外更长，难道不是圈养的理由吗？圈养的北极熊很快就会变得神经质，表现出刻板的行为，动物园试图通过在水池和围栏中加入游戏和运动来消除这些行为。北极熊曾是野性的象征，如今变成了马戏团的动物。

在温尼伯的阿西尼本公园（Assiniboine Park），有两只幼熊，是兄妹，分别被命名为"暴风雪"和"星星"。它们是从 1 000 公里以外的丘吉尔地区的冰层中被救出的孤儿。卡利（Kali）是一只在阿拉斯加北部被发现的幼熊，当时只有一个月大，最近被转移到芝加哥动物园。这些孤儿对动物园来说是意想不到的礼物，因为野外捕捉北极熊是被禁止的（除非是遇到困难的幼熊）。这些幼熊都无法重获自由。

北极熊是动物园的金矿。雌性北极熊在幼熊三个月时才会与它们团聚，此时杀死幼熊的风险有限。当幼熊暴露在阳光下时，媒体的关注就会蜂拥而至，甚至全国各大媒体都会报道这一纯粹的商业事件，就像新产品上市一样。几个月后，"小熊"长大成人，出售给另一个希望发展业务或提高吸引力的机构。

虽然在某些情况下，动物园等机构可以在经济上或通过人工繁殖为保护普氏野马或美洲野牛等濒危物种做贡献，但对大型食肉动物来说却并非如此，它们需要几个月甚至几年的时间来了解环境和狩猎技巧……但也有一些非常罕见的例子，比如在俄勒冈动物园，那里的研究人员正在分析两只圈养的熊的血液，研究它们对污染物的吸收情况以便在野外制定一套方案，研究与全球变暖相关的熊的饮食变化。

毫无疑问，北极熊的生存环境正在发生深刻而迅速的变化。50年来，冰群的体积减少了50％以上，2018年3月，其表面积达到1430万平方公里，是自1979年以来测量到的第二低记录。退缩幅度最大的是白令海峡。北极熊是一个特别适应极北严酷环境的物种，它不仅受到北极地区气温上升的威胁，还受到与人类活动发展相关的污染和干扰的威胁。

保护北极熊的唯一办法就是限制温室气体的排放，减缓全球变暖的速度，同时减少化石燃料的消耗，提高化石燃料的利用率。除非大规模地、永久性地改变我们的消费模式，否则任何事情都无法阻止这种严重的恶化。

　　人工饲养北极熊幼崽并不是未来的希望，而是对失败的承认：人类是无法与自由且野生的自然和平共处的。

第七章　熊的回归

> 对我而言，看到熊既是一个美妙的梦，也是生存所需，在这个世界上，我对它充满感情，我无法相信它已经永远消失了。

——罗伯特·海纳[43]

大量洞穴中发现熊和人类的骨骼混在一起，这表明熊与人类在过去的 50 万年中一直保持着密切的关系，尤其是棕熊的近亲穴熊（Ursus spelaeus）生活的那个时期。

虽然没有证据表明尼安德特人与穴熊之间存在精神层面的关联，但这一时期人与熊共享同一个空间：熊的数量很多，通常是杂食性的，但人类数量稀少，尤其是狩猎采集者更罕见。

在阿尔代什肖维岩洞里的一块巨石上发现的头骨，其年代超过 2.5 万年，这明显不是偶然。

克里斯蒂安·贝尔纳达克（Christian Bernadac）等作者则更进一步，提出了熊可能是人类最早的神灵，或者至少是灵感的来源，充当了智人与自然力量之间的中介。

熊在北半球文化中的地位不容否认。有些人拒绝将熊视为神或首位神，但信仰和仪式的相同性是独一无二的，也是令人不安的。可以肯定的是，熊是萨米人以及许多西伯利亚和美洲印第安部落的图腾动物。

在西欧的史前营地遗址中，熊的遗迹非常常见。熊骨散落一地，有被屠宰的痕迹，这证明熊确实与鹿和野猪一样被人类猎杀。似乎同一种动物的尸骨被分放在几间房子里，而其他猎物则不是这样。值得注意的是，在阿尔卑斯山意大利一侧发现的距今 5 000 年的冰人木乃伊"厄齐"（Ötzi）穿着熊皮靴，头戴熊皮帽。现如今，萨米人仍然用熊毛制作靴底，以防在雪地上滑倒。

大约在公元前 6000 年，人们饲养熊时在其下颌绑上了带子，在萨塞纳日（法国伊泽尔省）的格兰德里弗瓦遗址的发现证明了这一点。熊的下颌骨明显变形，证明这种动物即使没有被驯化，至少也被人类圈养到五岁。

狩猎是人熊关系中不可或缺的一部分。毫无疑问，狩猎是北半球人类与跖行动物之间建立特殊联系的活动。人类对熊的捕猎无疑是对熊产生兴趣和敬畏的根源。尼安德特人猎熊的最古老证据可以追溯到48万年前。

当人们从熊的遗骸上剥下熊皮时，我想哪怕是最老练的猎人，也会情不自禁地觉得自己刚刚杀死了一个人。熊皮与人体的相似性一定困扰了世世代代的猎人，也造就了熊与人的双重性，即熊是人的另一半。肉体的粉红色、四肢的四分五裂，甚至身体的大小，都让人联想到从十字架上解下的受刑者。斯特凡·卡邦纳（Stéphan Carbonnaux）在《熊的赞美歌》（*Cantique de l'ours*）一书中引用了一位16岁时参与屠熊的比利牛斯猎人的话："你知道，当我们屠宰熊时，我感觉它是一个人。"[44] 安德烈·勒罗伊-古尔汉解释道：

> 熊几乎就是人伪装的，这可能在旧石器时代就已经存在了。（……）在所有的远东神话中，尤其是在西伯利亚神话中，熊回家后可以脱掉衣服，发现自己变成了人。[45]

信仰万物有灵的民族在进行狩猎活动时，不仅遵循着严格的规范，而且显示出了惊人的统一性。虽然熊的种类不同，但从猎杀欧亚棕熊的芬兰猎人到猎杀美洲黑熊的克里人，仪式从根本上说是相同的。不仅克里人和芬兰人共享这一传统，许多北美部落（事实上是所有讲阿尔冈基语的北方和东北部族群，以及一些北阿萨帕斯卡人）与北欧和亚洲土著居民的猎熊仪式也相同。

相似之处始于对熊的称呼。与亚北极地区和东部森林的美洲印第安人一样，北欧人和亚洲人称呼"熊"的词语意义相近，但他们均避免直接称呼其为"熊"（而是使用其他词语替代）。重要的是，不要直接谈论这种野兽，或者说这位自然力量的代言人，以免唤起神灵的注意。"祖父"和"祖母"似乎是最常用的称呼，这两个词几乎被两大洲的所有族群使用。但在一个部落或族群有许多不同的叫法。克里人的用词是酋长之子、黑食、短尾、大食量者、愤怒者、勇敢者。还有人称他为"不能说话的人""大毛""粘嘴"。阿拉斯加的科尤康人（Koyukons）讲阿萨帕斯卡语，他们使用"黑暗处""暗影"或直接简称熊为"动物"。芬兰人给棕熊起的绰号有森林苹果、森林骄子、著名的光脚、蓝尾巴和翘鼻子。萨米人称熊为"穿裘皮大衣的老人"，爱沙尼亚人称棕熊为"大脚"。古代匈牙利人借用了斯拉夫语中的"medve"（熊）一词，从而避免使用自己语言中的"熊"这个词。在西伯利亚的科雷马低地，尤卡吉尔人称熊为"大地之主"或"伟人"。在日本北部的北海道岛上，阿伊努人称熊为"统治群山的神"。

冬天，熊会在巢穴中被杀死。斯捷潘·克拉琴尼科夫解释说：

他们是这样做的。当他们找到熊穴时，会在那里堆积大量的木头，然后在洞口依次放置横梁和树干。熊会将这些木头逐个往里拉，以防它的出口被堵住。它会持续这样做，直到巢穴被填满，它再也无法转身为止。这时，堪察加人会在顶部开一个口子，并用长矛将其杀死。[46]

人们带着被猎杀的熊回到村子，他们用对待酋长般的敬意来迎接它。为它准备宴会，还有祭品。熊此刻不再是捕猎的对象，而化身为一位传递信息的使者。它的灵魂需要将这样的欢迎仪式传达给其他熊，以此来安慰它们，并鼓励它们接受人类给予的尊重，并心甘情愿地被人猎杀。

让-弗朗索瓦·雷格纳（Jean-François Regnard）在1681年的拉普兰航行中描述了萨米人在杀死熊后迎接它回村的场景[47]：

杀死熊之后，他们把熊放在雪橇上，运到小屋，用来拖熊的驯鹿整年都不用拉雪橇；他们还必须保证熊不靠近任何母鹿。为了烹饪熊，人们专门建造了一间小屋，所有猎人和他们的妻子都住在里面，他们不能吃熊的后腿，只能

吃熊的前腿，整整一天都在庆祝。但需要注意的
是，所有帮助捕熊的人在三天内都不能靠近自己
的妻子，三天后他们必须沐浴净身。（……）拉
普人最崇敬的事情莫过于目睹熊的死亡，并终
生以此为荣。

3 个世纪后的 1935 年，一位加拿大研究育空地区部
落的人种学家提供了同样的细节：

> 动物的遗体在猎人的小屋中受到酋长般的
> 欢迎，人们为它献上精美的衣服，并为它准备
> 好宴席。它会带走这些礼物的精华，而最具特
> 色的是，当男人大快朵颐时，女人却被刻意排
> 除在外。[48]

虽然时代、大陆、文化背景迥异，但这种对动物的
尊重和仪式却惊人地相似，这样的例子在熊的全部分布
区域里比比皆是。

为了杀死熊，猎人们想尽了办法——真的是想尽了
办法。在古代，人们传统上用弓箭或标枪猎杀熊。在一
棵弯曲的树干上套上绳索，中间拴上诱饵：熊被肉吸引，

踏进绳圈并拉动绳索，树干突然变直，熊就被吊死了。大木板上的诱饵也可以放在用横梁搭建的小屋底部。熊拉动诱饵，然后就被压死了。我在北海道看过这种捕猎方法。还有用树叶覆盖的布满尖刺的陷阱，甚至还有带超大号捕兽夹的陷阱。后来，人们用毒药、步枪或猎狗追捕，美国西部甚至用套索抓捕熊。为捕杀熊做的火药陷阱造成了巨大的破坏。在此涉及的不再是传统的狩猎，而是对物种的打击。

在比利牛斯山脉，从 1900—1970 年，人们持续猎杀熊。熊的数量从 400 只减少到 30 只。当地猎人或多或少使用先进的火器，为旅店提供熊肉。他们还引导富有的猎人前往美丽的狩猎地点。大名鼎鼎的马塞尔·库图里耶（Marcel Couturier）是一名医生，也是有名的猎手，猎杀包括熊在内的山地猎物，他为我们留下了一部至今仍有参考价值的作品：1954 年出版的《棕熊》（*L'Ours brun*）。书中对解剖细节的描写尤为精确，他的文字充满了科学常识和同理心，值得反复阅读："人类扮演的角色不应被夸大或贬低，这是不争的事实。人类以棕熊是危险的野兽、讨厌的动物这一虚假借口，有计划地、系统地对其进行捕杀。在这种情况下，出现了许多滥用职权的行为。"[49] 20 世纪 40 年代末，他甚至建议对比利牛斯山的某些地区进行管制，并将其划归保护区。

*

像熊一样强壮

几个世纪以来，熊被边缘化，栖息地也遭到破坏，它现在似乎要反击了。古代的医士、巫师和医生仿佛具有原始的预知能力，他们发现熊的生理机能可以满足人类的需求。古人认为熊可以帮助解决许多医学问题，视其为灵丹妙药。熊与人之间的神秘关联很大程度上体现在药典中，并发挥了作用。虽然古代医生不具备我们今天所拥有的调查手段，但他们从数千年的经验知识中获益匪浅。当然，许多药方似乎来自江湖骗子组成的商队，但谁知道呢?

据说熊肉很特殊，体积可以膨胀。提奥弗拉斯特①认为，熊肉即使被煮熟或腌制，也会增大变多。熊肉还曾被推荐用于治疗贫血。

美容方面，熊脂有多种用途，从软化皮肤到再生毛发：因为熊毛非常浓密，这是显而易见的⋯⋯它被用于治疗跌打损伤、风湿病和痛风。在芬兰，熊脂晒干后被用于治疗视力不佳、牙痛和溃疡。在德国，熊胆被推荐用于治疗水肿。

---

① 提奥弗拉斯特（Théophraste），杰出的自然哲学家和植物学家，也是亚里士多德的朋友和继任者。

盖伦称赞熊胆能治疗牙痛，普林尼推荐用熊胆治疗坏疽、癫痫、哮喘和黄疸。更严肃的是，几个世纪以来，熊胆一直被用于治疗肾结石。医学家是如何想到这种用法的呢？通过分离出熊去氧胆酸[50]，现代制药科学验证了其治疗效果。据日本传说，武士在出征前会饮用熊胆水。现在，人们以合成分子的形式给肾绞痛患者服用熊胆酸。这一药剂能溶解胆结石且无任何副作用。此外，熊去氧胆酸还具有其他消炎特性，对肝脏、消化道和大脑都有消炎作用，这甚至为退行性炎症疾病的治疗开辟了道路。人们认为熊去氧胆酸可以穿过血脑屏障。

当代医生仍想象从某些动物物种身上寻找人类疾病的治疗方案。

生物仿生学（le biomimétisme）利用数百万年积累的自然选择结果，开辟了一条新的研究途径。就像人类一直以来所做的那样，与其进行耗时长、成本高、结果不确定的研究，不如观察和分析大自然，帮助我们找到解决方案。物种之间的屏障并非无法跨越。如果我们假设所有哺乳动物（当然也包括人类）都有一个共同的祖先，那么它们就会有许多相似的病理现象。通过研究某些物种在极端环境条件下形成的适应性反应，以及借助医生、兽医和生物学家共同参与的跨学科研究成果，可为人类找到有效的治疗手段。

为了拍摄电影《强壮如熊》①，我们对斯堪的纳维亚棕熊研究项目团队的科学家进行了为期一年的跟踪拍摄。在瑞典厄勒布鲁医院（hôpital d'Örebro）工作的丹麦心脏病专家奥勒·弗罗伯特（Ole Fröbert）[51]，希望通过对棕熊的研究，找到心血管疾病的创新治疗方案。他希望突破常规的实验室研究方法，认为棕熊特殊的生理结构或许能提供一些新的治疗方案。

一只熊在六个月里不进食、不排尿、不活动，为什么它能在春天恢复至良好的状态，且没有任何肌肉萎缩或患病的迹象？对于人类来说，长时间不活动会导致肌肉量每月减少约 10%。

在过去的 20 多年里，斯堪的纳维亚棕熊研究项目团队的兽医一直在研究瑞典中部奥尔萨地区的棕熊。大约十年前，奥勒·弗罗伯特和其他医生及研究人员加入了他们的行列，他们的发现令人难以置信。每年 2 月和 6 月，来自奥斯陆、哥本哈根、斯德哥尔摩以及斯特拉斯堡和里昂的研究人员，包括法布里斯·贝尔蒂勒（Fabrice Bertile，胡贝尔—居里安研究所）和埃蒂安·勒法伊（Étienne Lefai，里昂南方医学院 CarMeN 实验室），

---

① 《强壮如熊》（*Fort comme un ours*），一部 2018 年的法国纪录片，由蒂埃里·罗伯特（Thierry Robert）和雷米·马里昂共同执导。这部影片探索了熊的生理学机制对医学研究产生的启发性影响。

他们都会聚集在一起，收集来年工作所需的样本。如果任务因天气或其他技术问题而中断，当年的研究工作可能就无法进行。

专业兽医——例如来自维也纳奥地利的乔安娜·佩纳（Johanna Painer）——通过无线电项圈追踪熊，并实施麻醉。在野外，兽医和科学家相互协助，以最佳的方式捕获熊。动物一旦倒地不动，就有约15位大学生和国际知名研究人员围上去开展工作。

采集到的血液、皮毛组织和粪便样本被放入烧瓶中，成为约40个研究项目的样本。此外，还对熊进行其他检查、取样和测量，例如心脏超声波、毛发样本、体重和身高，以评估动物的健康状况。一小时后，人们将熊轻放在树下，做足防护措施，以确保它苏醒的时候状态良好。

仿佛是熊无意间对人类的"复仇"——它再次成为我们的楷模，为远离自然、过着定居生活、食肉过度且寿命日益延长的人类提供解决方案：这只野兽最终拯救了脱离野性的人。

奥勒·弗罗伯特提出了以下问题：熊每天摄入多达25万颗蓝莓（越橘属），相当于80千克水果，即约2万千卡热量，它体重超标却没有带来任何健康风险。原因可能就在于它吃的东西。蓝莓具有多种功效且没有副作用：

● 纤维素：2.4/100克

- 糖类（葡萄糖、半乳糖和阿拉伯糖）：10/100 克
- 维生素 C 占推荐摄入量的 12%
- 锰占推荐摄入量的 17%

蓝莓被誉为抗氧化之王，富含减缓细胞老化的分子（维生素 A、C 和 E）。这些物质可预防心血管疾病和某些癌症，并降低超重人群的血压。

蓝莓的功效在欧洲已知超过千年。它被用于减轻腹泻和痢疾、催乳以及治疗坏血病带来的问题。

在斯特拉斯堡的胡贝尔—居里安多学科研究所，法布里斯·贝尔蒂正在利用瑞典寄来的样本研究肌肉萎缩的相关问题。法国国家空间研究中心（CNES）尤其希望找到治疗火星探测过程中肌肉萎缩的方法。这些治疗方法也许还能帮助连续数月卧床不起的病人。试问，还有什么动物能比熊更好地提供解决方案呢？

实验表明，将人体肌肉细胞浸泡在冬季取自熊的血清中，会产生积极反应。这些细胞不仅体积更大、收缩能力更强，而且降解速度更快。熊的血清还能增强人体肌肉细胞利用脂肪的能力，以减少脂肪的积累。简而言之，熊的血清似乎有助于维护人类肌肉并更高效地使用脂肪。

如果研究人员能够分离出导致这一系列积极影响的分子，那么宇航员和长期卧床患者的肌肉萎缩问题就能迎刃而解。

在开展其他研究项目的同时，科学家还在奥尔萨中

心利用非侵入性技术和简单的麻醉方法研究圈养的黑熊。

斯德哥尔摩卡罗林斯卡学院（institut Karolinska de Stockholm）医学教授彼得·斯滕文克尔（Peter Stenvinkel）专注于肾脏疾病的研究。这些疾病会导致骨质脆弱，类似骨质疏松症，容易引发骨折。全世界每三名女性中就有一名患有这种疾病，男性也无法幸免。在瑞典，由于人口老龄化和冬季冰雪覆盖街道，因跌倒造成的死亡人数是车祸的五倍。彼得·斯滕文克尔与马蒂亚斯·哈豪斯（Mathias Haarhaus）等骨骼专家，与同样充满热情和魅力的放射科医生托克尔·布里斯马（Torkel Brismar）合作，试图找出棕熊在冬眠期间骨质并未流失的机制。一只六个月静止不动的熊没有出现任何骨质疏松的迹象。研究发现，熊在冬眠期间流向肾脏的血流量减少了90%，但肾功能仍保持正常。

借助高科技技术、三维扫描仪和对脂肪酸的详细分析，科学家发现了熊在每年两个主要时期之间的巨大差异。夏天，明显可以观察到其骨骼生长的区域，冬天则不然，而且血液中某些分子的浓度在不同时期也存在变化。研究人员目前正致力于分离出阻止骨骼退化的物质。

除此之外，其他研究旨在理解肠道菌群的变化。人体内的微生物群落现引发广泛关注。众所周知，人类的健康依赖于数十亿生活在消化道中与自身共存的细菌、酵母菌和病毒。这些物种与人类共同进化，对于应对饮食、气候和环境变化至关重要。

研究熊在进食期与冬眠肠道菌群的变化提供了新的探索途径。当熊返回巢穴时，会摄入周围的土壤。那么，巢穴中的细菌是否加速了它肠道菌群的变化？

哥德堡大学的科学家研究了在奥萨熊（les ours d'Orsa）身上采集的样本。他们发现，熊的肠道菌群的数量和功效在夏季和冬季有所不同，正如弗雷德里克·贝克赫德（Fredrik Bäckhed）教授所做的总结[52]：

> 夏季，肠道微生物群发生了变化，更积极地回收能量，这种变化有助于提升脂肪含量而不影响葡萄糖的代谢过程，这一现象非常令人惊讶。（……）这些发现表明，微生物群在调节能量代谢和适应寒冷环境方面的作用可能比我们之前认为的更重要。

弗雷德里克·贝克赫德将这些微生物群移植到了无菌鼠的肠道中，然后观察了一组改造鼠和一组对照鼠的快速增肥情况：所有实验鼠都变得肥胖，但是那些携带熊身上微生物群的实验鼠却没有出现并发症。费利克斯·索默（Félix Sommer）也观察到，在储存脂肪方面，改造鼠的脂细胞更有效。

在先前的研究中，他已经证明肠道微生物群的细菌构成会影响从食物中提取的能量。[53] 这些结果为了解人类肥胖症开辟了充满希望的研究路径。

大西洋彼岸，美国缅因州的罗恩·科斯塔涅（Ron Korstanje）教授则更进一步，将研究深入到基因组领域。他的团队成功完成了熊在一年中不同时期的基因组测序。通过数据比对，他们发现某些基因仅在夏季活跃，而在冬季似乎进入了休眠状态，仿佛熊能够根据季节调节部分代谢活动。某些基因专门参与肾脏再生。现在需要确定是哪些基因在何种程度上发挥作用，希望能借此找到替代肾脏移植或透析的方法，用于治疗肾功能衰竭——全球约5亿人患有这一疾病。

总之，虽然熊不能立即解决问题，但至少也为研究影响全球数百万人的疾病——骨质疏松症、肥胖症、肌肉萎缩、肾脏和心血管疾病、神经系统疾病和脑退化性疾病——提供了新的途径。为我们提供了数百万年积累而成的、宝贵的"工具箱"。

正如我们所见，熊正以它的方式翻转游戏规则，跨越物种的界限，颠覆旧有的偏见和曾经加速它灭绝的宗教信条。是时候了！这些研究能否让我们深刻认识到一个关键性问题：人类周围的不同生物，是否都是人类生存不可或缺的一部分？

洞熊的骨骼疾病

洞熊曾广泛分布于法国至俄罗斯，乃至英国南部的广阔地域。该物种最早的存在迹象可追溯至大约 25 万年前，洞熊是德宁格尔熊的后代，后者于170 万年—10 万年前（即灭绝时期）生活在同一地区。在此期间，棕熊的出现相对较少。

据推测，最后一批洞熊约在 1 万年前灭绝，但它们最大规模的消失事件发生在距今 3.5 万—2.4 万年前，即最后一个冰河时期中最寒冷的阶段。

长期以来，洞熊被看作纯食草动物，但对其牙齿细微磨损痕迹的研究显示，它们的饮食是杂食性的，包括植物和肉类。关于这一物种迅速灭绝的理论依据是，由于当时的气候越来越冷，它们最常食用的植物越来越少。其他假说则认为是人类的过度狩猎。

我大胆提出猜测：物种的消失肯定有多种原因，但其中一个可能从未被提及——如果洞熊无法像棕熊那般适应寒冷的冬季呢？

现今，我们认真地思考这一带有直觉性的假设，斯德哥尔摩的研究团队发现棕熊身上存在一种特定的适应机制，能够在冬眠期间避免骨量流失。

在欧洲的洞穴中，特别是在奥地利、罗马尼亚、法国和德国的许多洞穴中，发现了成千上万在冬季死亡的洞熊遗骸。

1837 年，《医学科学公报》（*Bulletin des sciences médicales*）上发表了一份关于在伊瑟尔霍恩（Iserlhorn）附近的威斯特法利亚（Westphalia）发现的洞熊遗骸的报告，作者瓦尔特（Walther）教授指出，这些遗骸均带有骨病的痕迹，包括癌性肿瘤。在萨瓦省的科隆巴尔姆（Balme à Collomb）发现了许多洞熊的骨头，其中大多数是在冬季死亡的。这些骸骨病理相同，包括侏儒症、受到感染并发炎、骨组织被破坏或粘连在一起、不同程度的骨折、细胞增生可能导致的骨组织异常生长（如肿块）或骨组织破坏（即肿瘤）、变形性关节炎。椎骨融合的病例也很多。此外，易碎的阴茎骨也经常被发现是断裂的。

在肖维岩洞中，成千上万的骨骼碎片来自 200 只不同的洞熊，这些个体是在很长一段时间内相继死亡的。令人惊讶的是，这些洞熊中没有一只处于繁殖年龄。但有趣的是，DNA 研究揭示了洞熊的数量很少，遗传多样性也很有限。当智人开始绘制洞熊图像时，法国南部的洞熊已经在灭亡的道路上了。

随着气温下降，最后一次冰川期到来了，降雪量明显增加，洞熊不得不花费更多时间在洞穴中过冬。它们可能无法适应长时间的禁食和不活动。

另外一个观点认为，洞穴深处缺乏光照可能导致骨骼所需的维生素 D 水平下降。目前我们已知，棕熊在冬眠时期能够维持体内的维生素 D 水平。

第八章　人与熊的未来

每一代人都会问：伟大的北极熊去哪儿了？如果答案是：大自然的保护者放弃了，北极熊灭亡了，那将会是何等的遗憾。

——奥尔多·利奥波德[54]

*

古老契约的终结

尼安德特人的狩猎采集时代以来，延续了 50 万年左右的人熊关系发生了巨大变化。公元前 1 世纪前后在埃及或公元 4 世纪在叙利亚写成的第一部基督教动物志《动物寓言集》（*Physiologos*）中没有提及熊，这或许表明了人们想取代熊的意愿。虽然在这一时期的叙利亚和希腊，熊非常活跃，但它并没有出现在这部著作中。

中世纪之前，有三种动物被认为是接近人类的：熊，

149

因其外表和行为；猪，因其解剖结构被用于医学研究——教会禁止解剖人体；猴子，因其邪恶与人类相似。熊被视为粗野、不净之人的替身，代表人类的污秽面。

早在 5 世纪，基督教已将熊逐下神坛。虽然自新石器时代以来，熊的数量因狩猎和人类对环境的控制日益加剧而变得支离破碎，但自古以来，在与熊共同生活的人类心中，对这种跖行动物仍旧怀有某种敬意。

从 17 世纪，也就是人们常说的"伟大世纪"（le Grand Siècle）开始，情况发生了变化。这一转变源于《圣经》，尤其是 17 世纪和 18 世纪对《圣经》解读方式的变化。正如埃里克·巴拉泰（Éric Baratay）[55] 解释的，随着人类中心主义的加剧，人成了一切的中心：

> 教区牧师路易·拜尔在 1644 年写道（提到动物种类）："有些动物用于搬运货物，例如马车；有些动物通过参与狩猎活动来为人类提供娱乐；还有的动物提供象牙、羊毛和丝绸，用于制作衣物；有些则提供肉类，供食用；另外一些则被用作药物和其他用途。"

狩猎被视为可以改变原罪时期野生动物所获得的无序自由状态，即恢复自然秩序，因此这一行为被看作合理的。有计划地射杀对自然界产生负面影响的动物甚至是人类的义务。埃里克·巴拉泰对这一问题做了更深入的阐释：

> 这就是为什么狩猎被视为重建混乱秩序的必要手段，是人类与这些动物之间的主要关联方式。例如，卡普钦人伊夫·德·巴黎（Yves de Paris）认为狩猎是展示人类力量的最佳方式：人类只需要在身体和精神层面与它们稍作较量，就能战胜强壮、狡猾的动物。但这并不是唯一目的。1613 年，教区牧师路易·格鲁奥（Louis Gruau）提出了五条理由："驱赶有害动物、获取兽皮和食物，同时也是为了避免无所事事、唤醒麻木的身体和学习战争技巧。"因此，狩猎引入了人类与野生动物的另一种关系：分散人的注意力，满足其好奇心。

19 世纪，令人尊敬的猎手所著的关于猎熊的书籍文辞华丽，时而还夹杂着对熊的某种同情。例如，谢维尔侯爵（Marquis G. de Cherville）[56] 在谈及熊时写道：

> 斧头将阿尔卑斯山和比利牛斯山的主峰砍得光秃秃的；人类在平原上肆意妄为尤嫌不足，

> 甚至侵入了那些保护动物免于灭绝的神秘之地；熊的数量变得越来越少。（……）我始终对这一古老的动物怀有某种敬意；对文明长久以来对森林做出的残酷行为，以及持续施加在熊身上的屈辱行为充满同情；我对它热爱孤独的哲学品格怀有某种敬意，这使我的同情更加强烈。

侯爵悲天悯人的抒情诗能让我们忘记他无情的狩猎吗？当然不能。正如我们在贡比涅森林中看到的反对用猎犬狩猎的示威游行一样，当贵族的封建消遣方式受到挑战时，他们的虚伪言辞很快就被拆穿，变得一文不值。

正如我们所见，王公贵族的狩猎活动在狩猎动物志中占有特殊的地位。尽管如此，这些猎人还是意识到大型猎物的日益稀缺，对其生存环境有着深刻的了解。先是在欧洲，后是在美国，大规模的破坏打破了他们的爱好。

熊从高贵的猎物沦为有害且危险的动物。1908 年发表在大众杂志《全民阅读》（*Lecture pour tous*）上的一篇题为"熊爪之下"（Sous les griffes de l'ours）的文章清楚地表明了当时向公众科普熊相关知识的困难，前言如下：

> 在猎杀猛兽的过程中，这是最令人感动的

一次。森林之王残酷无情。虽然人类武器精良，但每年仍有许多人成为它的牺牲品。无论是在俄罗斯广袤的冰雪森林，还是在新世界的山区，凶猛的灰熊从未停止过散播恐怖，危险的诱惑则成为某些猎杀爱好者的特殊激情源泉。

这足以证明大规模根除熊是有道理的，而带着遗憾和安慰的结论也发人深省：

> 对它们发动的战争是无情的。在许多地区，除了用枪狩猎外，还使用陷阱和毒饵……此外，每年的土地开垦和森林砍伐也限制了这一凶猛森林宿主的生存空间。我们可以预言，也许再过 40 年，熊将成为一种稀有动物，这让不思悔改的猎人和追求暴力刺激的人非常绝望，却令长期害怕这种野兽的农民非常高兴。

我们可以清楚地看到屠杀的理由，既是富人的运动，也为农民的劳动开辟新领域，丝毫没有提到保护物种，这一理由与加斯东·菲比斯在其著作《14 世纪狩猎兽类》（*Bestiaire de la chasse au XIVᵉ siècle*）中所写的一样：

熊有两种：一种天生体型较大，另外一种天生体型较小，后者即使步入老年也不会有所改变。不过，它们的习性、生活和环境相同，成年后最为强壮，有时会吃家养动物。它们全身强壮得令人惊叹，唯独头部脆弱，若被击中，就会一直处于眩晕状态，若被重击，就会死亡。

当代的猎熊活动不再有丝毫的高尚和道德，甚至对动物毫无尊重。远程狙击步枪、爆炸性子弹、直升机：猎熊是根据追踪者的命令进行的，在合适的距离内进行猎杀。甚至《圣经》中的禁令也不再是理由。

美国著名作家、荒野爱好者吉姆·哈里森（Jim Harrison）用几句话概括了当今猎熊活动带来的耻辱：

有一个经典的狩猎灰熊的故事，声称这头嗜血的怪物自幼便立誓要杀死猎人，而不是平静地在树林里漫步寻找午餐。动物在两百米外被射杀，甚至还没来得及看猎人一眼，这似乎无关紧要。我还记得在一次狩猎中，灰熊睡着了，结局大概是这样的："我给那只打鼾的熊泼了一脸热铅，那真是它一生中的惊喜！"[57]

154

著名运动员、游手好闲的无冕之王和飞黄腾达的亿万富翁都是猎熊群体的一员，他们唯一的目的就是在社交网络上发布最终的照片，以证明自己战胜野兽的勇气。罗曼·加里（Romain Gary）在《天空之根》（*Les Racines du ciel*）一书中以屠杀大象为题，揭示了一切[58]：

> 来自世界各地的人们涌向这些狩猎活动，以求物有所值……一群无能的人、酒鬼和行为怪异的人，他们的荷尔蒙通常在斗牛中被激发，当手指扣在扳机上，眼睛盯着犀牛角或美丽的雄性动物的牙齿的那一刻，达到了顶点。

一些专门机构在堪察加和阿拉斯加提供这种狩猎服务。猎人主要射杀正值壮年的、品相不错的繁殖公熊。这些公熊经过努力走到了食物链顶端，当它们安静地吃着蓝莓时，却被从远处射来的子弹击倒。在加拿大北部的巴芬地，我遇到了一位来自法国波尔多地区的猎人，他刚猎杀了一只北极熊，但由于熊皮不够大，未能符合合同要求，组织者便向他提供了猎杀黑熊的机会。我们的对话到此结束，实在无话可谈！理由总是一样的：熊数量过多，需要控制，必须射杀它们，好像这种不健康的活动还有正当理由那样。一只漂亮的成年熊的绒毛将被用作猎人家中的地毯或墙壁装饰，而猎人的唯一功劳就是支付了数万欧元。

我喜欢重读那些伟大的自然哲学家的著作，他们为我们与野生动物和大自然建立不同关系提供了动力和愿景。约翰·穆尔便是其中之一。他是探索阿拉斯加和美国西部的先驱，也是塞拉俱乐部（Sierra Club）的创始人，在《墨西哥湾千里徒步行：1867—1869》[59]一书中，他公开站在熊那边。在美国内战刚结束、尚未统一的时候，他转向《圣经》，寻求不同的解读：

> 在我看来，屠杀上帝的野兽取乐是最为恶劣的行为。这些自以为是的传教士声称，野兽是为我们而生的：为我们提供食物，提供娱乐，还有其他我们尚未发现的用途。如果我们把自己放在熊的位置上，它与倒霉的猎人发生争执后，得出了对自己有利的结论，我们就可以下同样的结论：人和其他两足动物都是为熊而创造的，感谢上帝赐予熊如此长的爪子和牙齿。但是，当这些被认为是天生就该被捕杀的动物中，有一个胆大的个体反过来进入人类的家园或农田里，并杀死了这些自认为是神圣猎人中最不值得尊敬的那个人的时候，这就会被视为一种令人震惊的亵渎行为，如果是印第安人这

样做，甚至被视为一桩残忍的谋杀！天哪，我对利己主义的文明人没有多少同情心：如果野生动物与尊贵的人类之间爆发了战争，我更愿意站在熊那一边。

*

新的情感联系

当代人与熊之间的关系错综复杂，甚至自相矛盾。我们的童年是在泰迪熊和《金发姑娘和三只熊》的故事中度过的。小熊维尼（1926 年、1977 年迪士尼电影）、帕丁顿（1958 年、2014 年拍成电影）和《艾特熊和赛娜鼠》（1981 年、2012 年电影）中的长胡子熊艾特，都是熊。尽管如此，熊仍然是一种野生动物，家长更愿意带孩子在动物园里看到它郁郁寡欢、肥胖不堪的样子。

20 世纪初，著名的泰迪熊的出现在人与熊之间建立了一种新契约。这种玩具源于同一时期，但存在两种说法。第一个说法来自美国。1902 年，据说为了避免让伟大的猎熊人西奥多·罗斯福（Théodore Roosevelt）空手而归，有人送给了他一只小熊，但他将小熊放生了。他拒绝开枪，于是一幅漫画将这一幕永载史册。著名的泰迪熊由此诞生。在法国，泰迪熊很快被取名为"Michka"

（米什卡），这是一个古老的俄罗斯名字，意思是"不被命名的熊"。

与此同时，德国南部的一家玩具制造商史戴芙公司（Steiff）也在为儿童创造一种关节可以活动的玩具熊。就这样，熊和人类之间建立起了新的联系。

无论泰迪熊是谁发明的，这种商业方式满足了 20 世纪初的社会需求。精神病学家研究了儿童（通常是不喜欢洋娃娃的小男孩）与他的长绒玩具（泰迪熊）之间的这种模糊关系和内在依恋。泰迪熊成了孩子的倾诉对象，成了代替母亲的最佳过渡物。泰迪熊柔软而令人安心，由于从不清洗，玩具熊的气味成为儿童基本的参照点。遗忘或丢失泰迪熊会让孩子伤心欲绝，他觉得自己又一次与母亲分离了。泰迪熊也可以是其他动物或一块布，也就是另一种东西。

泰迪熊的最新电影代表是著名的《泰迪熊》（*Ted*，2012 年；续集《泰迪熊 2》，2015 年），它是一只会说话、行为像人一样的毛绒熊。在某种程度上，我们找回了古老传说中的符号，那个喜欢奢侈、拥有超级男性特质的熊，一个打破常规的人类替代品：吸毒、粗俗、行为放荡，所有这些都通过毛绒熊的形象展现，同时，他还是主人公约翰的保护者和朋友。

熊的形象被用来为保护美国国家公园做宣传。1944年8月9日,第一只"斯莫基熊"(Smokey Bear)被联邦法律正式确定为森林火灾宣传活动的标志。1950年春天,消防员从卡皮坦山的一场大火中救出一只熊幼崽,这只小熊后来成了真正的吉祥物。它的爪子被烧焦,在华盛顿特区动物园一直生活到1976年。几十年来,这只斯莫基熊的形象一直提醒国家公园的游客注意森林火灾的风险。它传达的信息很简单:想一想,想一想,再想一想。

与此同时,数十只灰熊在黄石公园遭到猎杀。几十年来,它们一直在露营者的垃圾堆里自由觅食。母熊会带着小熊去那里,小熊长大后又会到那里,如此反复。这样很容易找到食物,不需要花太多时间。但当局突然决定禁止熊进入垃圾场觅食。随后发生了一系列熊袭击游客的事件。灰熊被有计划地猎杀。1976年,黄石公园的灰熊数量减少至135只,被列为濒危物种。由于采取了保护措施,它们的数量在2016年恢复到690只,但这些措施在2017年再次受到质疑。对于熊而言,没有什么是理所当然的。

有人认为,斯莫基熊代表了人类走向自然的新动向,它打开了一个缺口,一条哲学裂缝。但正如我们所见,这一裂口依然脆弱。

除青少年电影外,熊更多地被表现为危险的捕食者,野蛮地攻击人类，如 2016 年上映的《亡灵归来》（*The Revenant*）、1997 年安东尼·霍普金斯（Anthony Hopkins）主演的《刀锋战士》（*À couteaux tirés*）、1988 年让-雅克·阿诺的电影《熊》、2015 年讲述露营者被食人熊追踪的《皮盖斯》（*Piégés*）以及 1971 年《亡灵归来》的第一版《野蛮人》（*Le Convoi sauvage*）。所有这些影片采用的替身比真实的熊更巨大，而《亡灵归来》中的熊则是采用动画技术。这些场景助长了熊的恐怖形象，更广泛地说，有助于宣传大自然的恐怖形象，关于白鲨的电影也是如此。熊再一次被妖魔化，象征着人类无法理解和掌控的一切。

然而，棕熊袭击人类的事件极为罕见。其发生的模式大致相同：棕熊突然受到了惊吓，随后残忍地攻击人类，通常攻击人的头部。2010—2017 年 10 月间，北美共记录了 13 起棕熊袭击人类致死的事件，与黑熊袭击人类致死的数量差不多。

熊，尤其是独居的个体或母熊，喜欢宁静，在这一点上，与人类差别不大。的确，在熊的领地里，你必须时刻保持警惕，但往往是熊躲避人。

我的办公桌上有一张黑白照片，上面是一只棕熊陷在沼泽地中，这是我 1993 年 6 月第一次访问堪察加半岛时，维塔利·尼古拉延科（Vitaly Nicolayenko）送给我的。他带我参观了他的办公室，那是一栋非常棒的木制楼房的一楼，可以俯瞰泉水在山谷流淌。他的所有笔记和关于熊的照片都集中放在书房里。他告诉我，他洗澡的地方离黑熊只有几米远，总是在附近遇到它们，每年都能看到800多只黑熊，他还告诉我他与跖行动物的亲密关系。维塔利是个热情的人，眼睛闪闪发光，念念不忘与熊相遇的时刻。几年后，他的小屋被烧毁了，连同他所有的记忆和工作。纵火？也许吧，维塔利去世后，该地旅游业进一步发展，打击偷猎者的行动受到了阻碍。2003年12月，维塔利踩着滑雪板追踪一只熊，这只熊应该是在返巢途中。但他跟得太近了，熊怒了，就把他打死了。

他花了33年时间与棕熊相处，研究它们，试图揭开它们的秘密。他知道这样做有潜在的风险，但他认为自己有足够的敏锐度来了解熊，能够与它们共存。

蒂莫西·特雷德韦尔（Timothy Treadwell）持相同的观点。2003年10月在阿拉斯加，一只熊杀死了他和同伴。13年来，他一直在接近熊，不断靠近，却从未携带武器防身。

正如我常说的，如果你想知道熊要做什么，你得比它自己知道得更多。因此，你必须保持谦虚，不要幻想你能影响熊的想法。

这些大型食肉动物仍然难以预测，但这些例子也表明，一般来说，熊并不构成永久性风险。某些个体在某些情况下会变得危险。说到底，这有点像人类。

在 1770 年出版的描写堪察加半岛的书中，斯捷潘·克拉琴尼科夫写道：

> 堪察加的熊既不高大，也不凶猛。它们从不攻击任何人，除非有人在它们睡觉时靠近它们。不过，它们也很少杀死人，只是剥掉人脖子后面的皮，并蒙在人的眼睛上，然后就不管了。当它们被激怒时，会撕下人身上肉最多的部分，但不会吃掉。堪察加半岛上有很多人对这一方式感到不安。在俄语中，他们通常被称为 "Dranki"，也就是 "被剥皮的人"。值得注意的是，熊不会伤害妇女，在夏天采摘浆果时，它们会像家畜一样绕着妇女走。它们会有时吃掉妇女采摘的浆果，这就是它们对妇女造成的所有伤害。[60]

2015 年 8 月 25 日，堪察加半岛棕熊袭击事件的受害者娜斯塔西娅·马丁见证了这种田园牧歌式的熊与女性的关系，但现实并非总是如此。她的故事充满了教训，当娜斯塔西娅研究熊在阿拉斯加和堪察加半岛人民的传说和梦想中的地位时，她的故事引起了更强烈的共鸣。

她记叙道：

然而，正是在冰川的中心，在火山的中央，在远离人类、树木和鲑鱼的地方，我找到了它，或者说它找到了我。我走在干旱的高原上，从理论上讲，我无事可做。我从冰川上走出来，从火山上走下来，身后的烟雾形成了云晕。我以为我是一个人，其实不是。一只熊，和我一样困惑，也在高地徘徊，也无事可做，就像一个登山者，那么：说真的，它在这片贫瘠的土地上做什么呢？没有浆果，也没有鱼，而它本可以在森林里平静地捕鱼？我们偶然相遇，如果说存在命中注定，那就是这个。地面的凸起将我们彼此遮挡，雾气升腾，风的方向不对。当我看到它时，它就在我面前，和我一样惊讶。我们相距两米，它和我都无法逃脱。达莉亚曾对我说："如果你遇到一只熊，告诉它：'我抓不到你，你也抓不到我。'"它向我展示它的牙齿，它可能很害怕，我也很害怕，但我不能逃跑，我模仿它，也展示我的牙齿。之后，一切都发生得很快。我们撞在了一起，它把我撞倒在地，我的手抓住它的毛发，它咬我的脸，然后咬我的头，我感觉骨头都碎了，我告诉自己快死了，但我没有。我完全清醒了，它松开手，抓住我的腿。我趁机拿出我的冰镐——早上我从冰川出发就一直挂在肩上，我用冰镐击打熊。我不知道情况如何，因为我闭着眼睛，只剩下感觉。它松开手，我睁开眼睛，看到它一瘸一拐地走了，我看到我的临时武器上沾满了鲜血。我站在那里，产生了幻觉，浑身是血，不知道自己还能不能活下来，但我活下来了，比以往任何时候都清醒，我的大脑似乎高速运转着。我对自己说，如果我活着，我这辈子一定有话要说，有事情要做。我告诉自己，如果我活着，那将是重生。[61]

在相对较短的熊袭击人的名单中，必须提到星野道夫（Michio Hoshino）的案例，他是同时代最优秀的野生动物摄影师之一。他是阿拉斯加的野生动物专家，尤为喜欢灰熊、麋鹿和黑熊。然而，1996 年 8 月 8 日，这位谨小慎微、受人尊敬的摄影师在堪察加半岛的库里尔湖小半岛上被熊杀死。熊把他从帐篷里拉出来，拖到灌木丛中吃掉了他，这是非常罕见的捕食事件。

可以看出，相对而言，熊是比较危险的动物。每十年发生的致命事故屈指可数。

但显而易见的是，当熊的数量增加，而人们经常在森林和山地牧场生活时，事故也会相应增加。畜牧者与大型食肉动物之间的冲突并不新鲜。就像有些地区的牦牛饲养者现在仍与雪豹打交道一样，人们也愿意将一定的份额——约占牛群的 5%——让给熊和狼，这很公平，占用了动物的领地必须付出一定的代价。

✿

全球以及比利牛斯山区熊的数量

全球不同地区分布的棕熊数量差异较大。数量最多的国家无疑是俄罗斯，但很难统计。棕熊是俄罗斯的象征，分布范围从欧洲一直延伸到太平洋沿岸。据估计，棕熊的数量为 10 万只，其中 15% 生活在堪察加半岛。

在美国阿拉斯加以外的地区，棕熊的数量只占人类迁徙到美洲前的 1%，约 3.3 万只。

在欧洲，棕熊的数量估计在 1.7 万—1.8 万只之间，分布在 22 个国家。在欧洲，1992 年 5 月 21 日发布的《欧洲栖息地指令》（*la directive européenne Habitats*）要求保护棕熊栖息地，因此，棕熊受到保护；《伯尔尼公约》也要求自 1979 年 9 月 19 日起保护棕熊免受猎杀。但也有法定例外：例如在芬兰，当熊袭击人类时，可由当地决定将其射杀。在意大利的特伦蒂诺，2017 年 8 月有一只熊被杀死，不是因为猎人想杀死它，而是因为麻醉剂量过大。

　　在罗马尼亚，熊的数量越来越多，据当地报纸报道，冲突也越来越频繁。10 月底，在公寓楼脚下仍能看到熊的身影。全球变暖让黑熊在每年的这个时候不再返回巢穴。它们在与人类接触的地方容易获得食物。它们正在向城镇迁移，那是因为人们正不断入侵喀尔巴阡山脉。黑熊不知道该去哪里避难，也不知道该吃什么，所以它们什么都尝试。

　　萨哈林岛的情况也是如此，那里的资源在大旱之后枯竭。2017 年 9 月，有两人被熊杀死，随后 80 只黑熊被射杀以示报复。

　　在斯堪的纳维亚半岛，瑞典的熊数量估计为 2 800 只，而挪威仅有 125 只。熊是一种机会主义动物，它可以在人类附近生活，但需要宁静的冬季才能继续留在某地。

　　在大型食肉动物的管理以及文化层面，法国再次成为例外。熊和狼在全世界（包括欧洲）都受到保护。对它们的捕杀是有规定和配额的。自法国大革命以来，法国的熊数量急剧下降。因为人们鼓励狩猎，以消灭这种被视为令人讨厌的物种。就像现在猎杀狐狸一样，人们还对此提供赏金，似乎过去的错误从未得到过教训。幼熊被喂得膘肥体壮，以备宰杀。

比利牛斯山从新石器时代起就被人类占据，熊逐渐被赶回奥索和阿斯佩山谷，仅白天在最陡峭的地方活动。通常情况下，熊在昼间活动，但在此地，熊在晚上8—10点开始活动。人们注意到，熊清晨的活动量会激增，这与它们离开夜间活动区的时间吻合。每只熊每年大约要杀死3—4只母羊，按体重算，熊的食肉量比人类要少得多。电栅栏与捕猎犬的高效行动相辅相成，将捕猎活动降至最低程度。栅栏加倍加固，以避免恐慌。

1982年，比利牛斯山仅剩约15只黑熊，到了20世纪90年代中期，在从斯洛文尼亚引进幼熊之前，仅剩5只黑熊。2004年，该地区最后一只母熊卡内尔被射杀，这一地区的熊群随之消失。

猎取熊脂和捕熊表演使这个曾经繁荣的种群数量锐减。在法国和欧洲的财政支持下，跖行动物的消失导致了放牧方式的改变。

2005年在阿尔巴斯（Arbas），多米尼克·德·维尔潘（Dominique de Villepin）政府和环境部长内莉·奥林（Nelly Olin）希望在比利牛斯山重新引入几只熊。奥尔兹—阿德特地区协会（Pays de l'Ours-Adet）借此机会举办了一次盛大的活动，搭建了学习和了解熊的相关知识的展台，还配有老少皆宜的讲解。但该地区的畜牧业者不这么认为。道路上贴着"被熊杀死"的标签，人们的帐篷在夜间遭到破坏，流动警卫和稀少的参观者也营造出一种危险的气氛。接待协会及受邀客人的市长也受到了威胁。接下来的一周在马萨特（Massat），市长赞成熊在此地区生存以提高该地区的价值，农民变得更激动，并对活动主办方发表了种族主义和仇视同性恋的言论。他们砍伐了道路上的树木，切断了村里的供电设施。随后，我在一个挤满150人的小房间里开始了我的演讲。当我介绍从斯洛文尼亚到日本等不同国家的人熊共同生活与和平共处的情况时，那些农民突然冲进来，用棍子敲打瓷砖。房间里一片慌乱，妇女和儿童都冲了出去。我继续用一系列幻灯片展示一只母熊带着四只幼熊，一位勇敢的农民怒斥道："你还可以给我展示六只，我枪里有六颗子弹。"

类似的冲突至今仍在继续。

2016年，比利牛斯山的黑熊数量达到39只，到2017年底上升到43只。除了一起涉及一群母羊受到袭击的事件被不确定地归咎于熊之外，损害事件几乎没有增加。2017年8月，农民袭击了前来调查熊袭击牧群的国家林业局护林员。农民要求伸张正义的权利。一时间，这一地区充满了威胁、鸣枪示警、少数煽动者的反民主行为。

一些农民的思维方式没有任何改变。30年来，人们一直没有意识到，山区农业经济需要像其他经济和产业一样得以发展。

正如法里德·本哈穆（Farid Benhammou）解释的那样，熊是一个国家内部的地缘政治问题：

> 当我们谈到"地缘政治"时，我们会立即想到国际问题、伊拉克、中东、石油……然而，这种特殊的地理学，包括研究不同群体之间争夺领土的对立关系，也非常适用于地方层面，尤其是环境问题，因为环境问题本身就具有冲突性。比利牛斯山区关于熊的问题就是一个很好的例子。[62]

2017年，比利牛斯山的农场统计有57万只羊，其中1.8万—3万只死于摔伤、流浪狗袭击和疾病。还有300只，即1％，其死亡归咎于熊，这还不包括尚未确认的袭击事件数量。[63] 当羊群受到保护时，损失可以忽略不计。

熊和狼成了山地居民自身问题的替罪羊，他们在对现有经济模式进行改革和对伪传统主义经济造成的苦恼之间犹豫不决。

熊处于影响力争夺的中心。两个与任何政治色彩无关的集团正在发生冲突。一方是地方民选代表和农民的直接冲突，农民奔走相告，与狩猎者和畜牧业者中的反动分子想法一致，试图游说大家去消灭这一物种。另一方则是环保主义者和民间团体的冲突，民间团体希望说服人们相信，法国山脉中野生的、自由的熊代表着这一区域生态良好。历届政府的犹豫不决和错误做法使这一分歧长期存在，他们无法很好地解决问题，最好的办法或许是通过谈判找到更可行的解决方案：一个人与自然和睦相处、互不侮辱、不再参考传统的解决方案——因为传统与这一切相去甚远。

2018 年 3 月 26 日，法国生态转型部长尼古拉·胡洛（Nicolas Hulot）宣布将于 2018 年秋季在比利牛斯-大西洋省重新引进两只母熊：

> 为了让本次重新引入母熊行动取得成功，我将要求省长组织一次对话，并且我将亲自前往（……）。我决定发起总攻，因为这里只剩下两只公熊：其中有母熊卡内尔所生的儿子坎内利托，它是最后一只百分之百比利牛斯血统的熊。我不想成为目睹这一血脉消失的部长（……）。鉴于比利牛斯山山羊和科西嘉岛斯坎

多拉僧海豹灭绝的教训，我不想让这一物种重蹈覆辙。熊是我们国家野生动物遗产的一部分。

类似奥尔兹—阿德特地区协会的社会团体以及比利牛斯人都支持这一行政令，保护熊在此地生存，他们已经为此等待了 12 年之久。根据 2018 年 2 月进行的一项民意调查（法国民意研究所，IFOP），84％的法国人支持在比利牛斯山区维持熊的数量，其中上比利牛斯地区的支持率为 70％，比利牛斯-大西洋地区的支持率为 78％。

我个人对此并不感到惊讶。2005 年，在拍摄《独角兽的巢穴》（*Le Repaire de la licorne*）期间，趁着北极冰原上的空闲时间，我与尼古拉·胡洛进行了长时间的交谈，深切感受到他对保护生物多样性的重视和真诚的投入——尽管担任部长会更多地遭受批评而不是接受赞誉。只有当你持有坚定的决心去推动改革时，才会冒险将个人信念置于权力的考验之下。

历史总是循环往复，熊再次成为恐惧和焦虑的焦点。掌权的不再是牧师，而是急于连任的地方议员和工会会员。几十年来熊的缺席，加上欧洲和法国政策的推动，山区的养殖者得以在养羊的同时发展平原农业。面对流浪狗、暴风雨和山区牧场的其他潜在危险，他们的羊群在高山牧场里苦苦挣扎。由于担心无法抵御来自新西兰羊肉的竞争，羊肉养殖业得到了政府补贴，以避免在竞争中消失。其实问题本身不在于熊，而在于全球化。恰恰相反，在某些地区，熊可以为地方增殖，它可被看作山区保护的积极指标、有吸引力的旅游产品，甚至可以成为许多公民积极看待这些地区的标志。

我们需要用超越国界的眼界来看问题，即使人与熊共居的环境和历史不尽相同，但有些例子表明一切皆有可能。

2005 年在日本拍摄纪录片《旭日之熊》（*Les Ours du Soleil levant*）期间，我曾与根室半岛一家鲑鱼渔场的老板尾濑先生有过这样一段对话。在北海道岛上，熊的亚种"北海道棕熊"数量众多。尾濑先生和他的员工已经与它们共存 30 年。黑熊穿过营地，对人类的喧嚣几乎不予理睬。在繁殖期间，人与熊都从丰富的鲑鱼资源中各取所需。熊和人各过各的。

尾濑先生向我传授他的技巧：

> 有时，我发现自己距离熊只有两三米远。这时，你必须盯住熊的视线，如果熊认为自己输了，就会走开。另一方面，你不能让熊进入房屋或给它们食物，否则它们会回来，并认为

在你这里可以随意享用餐食。

他解释说，你得待在自己家里，但与熊分享同一个空间，这样能避免杀死太习惯人类的熊。

在根室半岛的两侧，小渔村挡住了想要开拓新领地的熊的去路。在一所中学甚至经常能看到熊穿过操场。地方协会为孩子提供相关信息，解释熊的自然历史，减轻他们因熊的出现而产生的恐惧。这是一个值得学习的好榜样。

在斯洛文尼亚，我们在一个玉米收割机附近的瞭望塔中，等待观测熊的时机。马儿在远处嘶鸣，孩子在操场上呐喊。突然，灌木丛开始晃动，一只美丽的母熊从树丛中钻了出来，后面跟着一只、两只、三只小熊。这个家庭状况良好，幼崽也非常活跃。在附近定居的一个蚂蚁养殖场是它们好奇心的牺牲品。斯洛文尼亚是欧洲棕熊数量最多的国家之一，也是一个养殖业者、森林管理员和猎人共存的国家。熊一直以来生活在这个国度，人也一直在对它们进行管理。猎人会捕捉固定数量的动物，熊也会破坏一些蜂箱。当山区缺少食物时，它们就会来到果园吃苹果和李子，这就是彼此共生共存的方式。

我去芬兰观察熊已经有 20 年了。在芬兰和俄罗斯边防军的推动下，两国设立了配备诱饵的观察站。如果没有这些观察站，就几乎不可能在良好的条件下看到熊，也不可能观察到它们交配、哺乳和标记领地等有趣的行为。虽然这些观察站有时会引起争议，却让数以千计的摄影师、博物学家和观察新手有机会观察到熊、狼獾和狼。熊的数量在不断增加，此地对熊的观察已持续 30 年，而且还记录了母熊产仔的情况。卡累利阿地区分布着大约 10 个定居点。在这些地区之外，允许猎熊，但必须在停止使用诱饵之后进行捕猎。

与此同时，美国黄石公园周边地区将重新开放猎熊活动，这是特朗普政府送给公园外围猎人和大量农场主的礼物。他们说，熊的数量太多了！而在边境的另一侧，加拿大不列颠哥伦比亚省废除了狩猎灰熊的活动。这两个决定之间仅有一条边界，但也反映了两国领导人各自不同的态度。每个国家都向选民提供他们想听到的东西。这是一种供求关系，即一种商业关系，别无其他。应该由世界公民和消费者决定政策。熊和大型食肉动物应该是生物多样性健康与否的指标，是富有警示意义的信号灯。

随着每只熊被单独识别和定位，熊的地位提升到了一个新高度。科学家和权威机构使用越来越先进的技术对熊进行追踪、计数和研究。野生熊正在成为独立的个体。比利牛斯山的例子尤为突出。在冬季结束时，一只母熊带着两只幼崽被一台自动照相机抓拍到，照相机记录下了熊经过的时间和图像，图像质量也在不断提高。它们的粪便也被采集到了：对小熊基因的研究将确定它们的父亲是谁。

人们将给小熊起名，估计其出生日期、父亲，它也将拥有身份证照片。人们还会配备发射器项圈。从那时起，它们的所有行动都将被卫星跟踪一年，数据将传回图卢兹进行处理分析。熊的行踪、午睡和越冬地点都会被绘制成地图，并通过实地取样加以确认。如果熊在牲畜附近被发现或确认，甚至被当场抓获，那么它的"犯罪记录"中就会被记上一笔：制造麻烦的动物、潜在的危险……

类似棕熊这样的大型食肉动物的未来将会如何？随着人类活动的扩张，曾被视为避难所的保护区正受到质疑，其食物资源遭受极大的掠夺。东欧国家为满足国际需求而加速森林的砍伐更加剧了这一问题。目前，全球棕熊的数量似乎还保持稳定，但这种情况能持续多久？有些人认为，动物园是棕熊的未来。动物园和其他观赏园区——本质上是同一回事，只是说法不同——已经开始繁育大量的棕熊甚至北极熊。动物园里熊的出生因媒体效应而吸引了大量游客，成为一种财富来源。另一个试图正当化的理由是为动物福祉的考虑。如果熊不能正常繁殖和交配，就必须通过化学手段进行阉割，抑制它们的激素周期，否则它们会发展出刻板行为。然而，如果让熊自由自在地生活，小熊会定期出生。没人考虑它们的未来，它们最终会因数量过多而被安乐死。

*

结　论

我们需要重新定义所有大型食肉动物在这个人口日益增长，人类对领土、森林、水力发电站的需求不断扩张的星球上的位置。狼、猞猁、熊、虎和其他大型猫科动物与人类的冲突越来越频繁。例子比比皆是：在埃塞俄比亚，一个尚未为人所知的狮子种群将养殖户毒死；在旅游业不断追求自然体验的影响下，猎豹逐渐消失；在法国，因为缺乏严肃的调控理由，成群的狼被射杀；沃斯山脉的猞猁已遭毒害。这样的例子还有很多。大型食肉动物成了贫困人群怨恨的焦点，并且与那些像他们一样生活在边缘的野生动物群体发生冲突。由于无法对剥削他们的政府和精英阶层采取实际行动，他们将自己的挫折感转向了大型食肉动物。他们没有意识到，这样做其实是在为他们的"主人"效力。他们清空了野生动物的栖息地，这些地区将更容易被开发、被预占、被滑雪场或高速公路覆盖。

在比利牛斯杀死熊或在埃塞俄比亚杀死狮子的农民，实际上是在自掘坟墓。下一个受害者将是他们自己。16和17世纪的大领主在教会的祝福下，武装农民以消灭大型掠食者，从而更好地开发土地。两个世纪后，凶猛的野兽不复存在，但农民还是一样。如果这些居民区仍栖息着熊、狼、虎等动物，居民能够重视他们居住地区的生物多样性，基于一种新联盟，他们还能保持对这片土地的控制。我们需要重新阅读历史，并仔细研究军事地图，理解土地的真正价值。

历史应该成为富有建设性的工具，地理学不应该再用来发动战争，而应该用来调解游牧民和农民之间的关系，让城市居民能够直视农民的眼睛，双反都为理解彼此而感到自豪。与熊的共存，难道不正是接纳他者的体现吗？这只是与一个不同物种共享一片土地的简单问题。

熊爱好者

在探索熊的漫漫旅途中，我遇到了许多人、爱好者和向导。他们既是科学家，也是讲故事的人、国家公园管理员和梦想家，正是对这种动物的热情驱使着我们所有人，或者说曾经激励着那些已经离开我们的人。

多年来，我有幸在丘吉尔研究中心见到查尔斯·琼克尔博士（Dr Charles Jonkel dit Chuck，1930—2016年）：他操着浓重的美国口音，声音沙哑，讲述着20世纪60年代发现第一个北极熊巢穴的故事。他是孜孜不倦的讲师，也是当今许多科学家的导师、北美自然保护的先驱、大熊基金会的共同创始人和名誉主席。

在丘吉尔研究中心，我还见到了查理·克雷格海德（Charlie Craighead），他是弗兰克·克雷格海德（Frank Craighead）的儿子，弗兰克是著名的克雷格海德双胞胎之一。克雷格海德家族对熊充满热情，特别是在黄石公园的灰熊保护工作上投入极深。

毫无疑问，这些伟大的北美自然学家的共同特点在于，非常谦逊地分享自己对熊的热情。

其他人的言论和承诺也给我留下了深刻印象：

在加拿大，伊恩·斯特林（Ian Stirling）和马尔科姆·拉姆塞（Malcolm Ramsay）是用无线电项圈追踪北极熊的先驱，后者在一次直升机事故中丧生。

在俄罗斯，伊戈尔·什皮连诺克（Igor Shpilenok）

是一位摄影师，曾居住在堪察加半岛的熊群中，他与熊交谈，熊似乎也在倾听他的声音；还有我已经提到过的维塔利·尼古拉延科。

在法国，让-雅克·卡马拉是法国国家狩猎与野生动物局（ONCFS）的研究员，阿兰·雷恩（Alain Reynes）是奥尔兹—阿德特地区协会的负责人。他们非常投入比利牛斯山脉熊的研究和保护工作。每个人在自己的领域内，都致力于更客观地了解熊的种群情况以及该地区面临的特有问题。

还有我所有的朋友、向导和同伴：凯文·伯克（Kevin Burke）、丹尼斯·康帕雷（Dennis Compayre）、米哈伊尔·斯科佩茨（Mikhail Skopets）、卡里·肯帕宁、亚尼·马塔（Jani Mataa）、康斯坦丁（Konstantin）、J. P. 马克（J. P. Marc）和其他人。

他们都是半人半熊！

注 释

引 言

1 约翰·穆尔（John Muir），《墨西哥湾千里徒步行》（*Quinze cents kilomètres à pied à travers l'Amérique profonde*），何塞·科尔蒂出版社（José Corti），2006 年。

2 让-巴蒂斯特·夏克（Jean-Baptiste Charcot），《格林兰海》（*La Mer du Groenland*），德克利·德·布鲁厄尔出版社（Desclée de Brouwer），1929 年。

第一章　如何描述一只熊？

3 《熊》，收录于《去吧，摩西》（*Descends, Moïse*），伽利玛出版社（Éditions Gallimard），1955 年。

4 乔治·路易·勒克来克·德·布封（Georges Louis Leclerc de Buffon），《布封全集：包含道本顿的作品摘录》（*Œuvres Complètes de Buffon avec des extraits de Daubenton*），插图出版协会出版社（Bureau de la Société des publications illustrées），1849 年。

5 私人对话。

6 卡尔·冯·林奈 （Carl von Linné），《自然系统纲要》（*Abrégé des systèmes de la Nature*），马泰龙出版社 （Matheron et Cie），1802 年。

7 让-雅克·卡马拉 （Jean-Jacques Camarra），《与熊同行》 （*Boulevard des ours*），米兰，1996 年。

8 里克·巴斯 （Rick Bass），《追寻最后的灰熊》（*Sur la piste des derniers grizzlis*），霍贝克出版社 （Hoëbeke），1997 年。

9 弗朗索瓦·梅雷 （François Merlet），《熊：比利牛斯的领主》 （*L'Ours, seigneur des Pyrénées*），埃拉布出版社 （Erables），1988 年。

10 道格·皮科克 （Doug Peacock），《我与灰熊的岁月》（*Mes années grizzlis*），阿尔宾·米歇尔出版社 （Albin Michel），1997 年。

11 罗伯特·海纳 （Robert Hainard），《欧洲野生哺乳动物指南》 （*Mammifères sauvages d'Europe*），德拉肖与尼斯特出版社 （Delachaux et Niestlé），1948 年。

12 米歇尔·帕斯图罗 （Michel Pastoureau），《熊：一个王者的没落史》（*L'Ours. Histoire d'un roi déchu*），门槛出版社 （Seuil），2007 年。

第二章　如何成长为一只熊？

13 维克多·雨果 （Victor Hugo），《莱茵河》（*Le Rhin*），赫策尔出版社 （Hetzel），1842 年。

14 安德鲁·基奇纳 （Andrew Kitchener），《熊的分类问题：对动物园和野外保护的影响及当前知识的空白》（"Taxonomic issues in bears: impacts on conservation in zoos and the wild, and gaps in current knowledge"），载《国际动物园年鉴》

（*International Zoo Yearbook*），第 44 卷，第 1 号，2010 年 1
月，第 33—46 页。

15 索菲·波贝（Sophie Bobbé），《熊与狼：象征人类学研究》
（*L'Ours et le Loup. Essai d'anthropologie symbolique*），人类
科学出版社（Éditions de la Maison des sciences de l'homme），
2002 年。

16 同上。

17 同上。

第三章　像熊一样生活

18 巴蒂斯特·莫里佐（Baptiste Morizot），《一直站立的熊》
（"Un seul ours debout"），载《比尔博德》（*Billebaude*），第
9 期，2016 年 9 月。

19 安迪·胡塞尔（Andy Russel），《大熊奇遇记》（*Great Bear
Adventures*），凯波特出版社（Key Porter Books），1994 年。

20 帕杰特诺夫（Pajetnov），《与熊一起》（*Avec les ours*），南方
文献出版社（Actes Sud），1998 年。

21 汤姆·S. 史密斯（Tom S. Smith）、史蒂文·T. 帕特里奇
（Steven T. Partridge），《阿拉斯加西南部海岸棕熊潮间带觅
食动态研究》（"Dynamics of intertidal foraging by coastal
brown bears in south western Alaska"），载《野生动物管理
杂志》（*The Journal of Wildlife Management*），2004 年，第
68 卷，第 4 期，第 233—240 页。

22 罗宾·S. 瓦普尔斯（Robin S. Waples）、乔治·R. 佩斯
（George R. Pess）、蒂姆·比奇（Tim Beechie），《太平洋鲑
鱼在动态环境中的进化史》（"Evolutionary history of Pacific
salmon in dynamic environments"），载《进 化 论》

（*Evolutionary Application*），第 1 卷，第 2 期，2008 年 5 月，
第 189—206 页。

23 纪尧姆・伊萨特尔（Guillaume Issartel），《熊的传奇：12 至
14 世纪的罗曼史诗及其神话背景》（*La Geste de l'ours.
L'épopée romane dans son contexte mythologique XIIe‑XIVe
siècle*），尚邦出版社（Champion），2010 年。

第四章　熊在环境中的角色

24 让-雅克・卡马拉，同上。

25 奥尔多・利奥波德（Aldo Leopold），《沙乡年鉴》（*Almanach
d'un comté des sables*），弗拉马里昂出版社（Flammarion），
2000 年。

26 格兰特・V. 希尔德布兰德、托马斯・A. 汉利、查尔斯・
T. 罗宾斯和查尔斯・C. 施瓦茨（Grant V. Hildebrand,
Thomas A. Hanley, Charles T. Robbins et Charles C. Schwartz），
《论棕熊在海洋氮素进入陆地生态系统中发挥的作用》
［"Role of brown bears（Ursus arctos）in the flow of marine
nitrogen into a terrestrial ecosystem"］，载《生态学》，第 121
期，1999 年，第 546—550 页。

27 弗拉基米尔・阿尔谢尼耶夫（Vladimir Arseniev），《乌苏里的
泰加山脉》（*La Taïga de l'Oussouri*），帕约出版社（Payot），
1939 年。

28 道格・皮科克，同上。

29 艾米・塔利安、安德烈斯・奥迪兹、马修・C. 梅茨、西里
尔・米勒雷特、卡米拉・维肯罗斯、道格拉斯・W. 史密
斯、丹尼尔・R. 斯塔勒、乔纳斯・金德伯格、丹尼尔・
R. 麦克纳尔蒂、佩特・瓦巴肯、乔恩・E. 斯文森和哈

坎·桑德（Aimee Tallian, Andrés Ordiz, Matthew C. Metz, Cyril Milleret, Camilla Wikenros, Douglas W. Smith, Daniel R. Stahler, Jonas Kindberg, Daniel R. MacNulty, Petter Wabbaken, Jon E. Swenson et Håkan Sand），《顶级捕食者之间的竞争？两片大陆上，棕熊降低了狼的捕杀率》（"Competition between apex predators? Brown bears decrease wolf kill rate on two continents"），载《伦敦皇家学会》（B系列），第284期，2017年。

30 费利克斯·梅纳德（Félix Maynard），《北极海域的戏剧，堪察加回忆录》（*Un drame dans les mers boréales, souvenirs du Kamtchatka*），米歇尔·莱维兄弟出版社（Michel Lévy frères），1859年。

31 斯捷潘·克拉琴尼科夫（Stepan Kracheninnikov），《堪察加的历史与描述》（*Histoire et description du Kamtchatka*），马克·米歇尔·雷伊出版社（Marc Michel Rey），1770年。

第五章　熊如何过冬？——巨大的未解之谜

32 格雷·奥尔（Grey Owl），《树》（*L'Arbre*），苏弗尔出版社（Souffles），2010年。

33 格兰特·V. 希尔德布兰德、拉里·L. 刘易斯、乔纳森·拉里夫和肖恩·D. 法利（Grant V. Hildebrand, Larry L. Lewis, Jonathan Larrive et Sean D. Farley），《阿拉斯加基奈半岛的雪崩中死亡的雌性棕熊及其两只幼崽》（"A denning brown bear, Ursus arctos, sow, and two cubs killed in an avalanche on the Kenai Peninsula, Alaska"），载《加拿大野外自然观察家》（*The Canadian Field-Naturalist*），第114卷，第3号，2000年，第498页。

34 阿丽娜·埃文斯、N. J. 辛格、A. 弗里贝、J. M. 阿内莫、T. G. 拉斯克、奥勒·弗罗伯特、J. E. 斯文森和 S. 布朗（Alina Evans, N. J. Singh, A. Friebe, J. M. Arnemo, T. G. Laske, Ole Fröbert, J. E. Swenson et S. Blanc），《棕熊冬眠的驱动因素》（"Drivers of hibernation in the brown bear"），载《动物学前沿》（*Frontiers in Zoology*），第 13 卷，第 7 号，2016 年。玛丽亚·伯格·冯·林登、莉莉丝·阿雷夫斯特罗姆、奥勒·弗罗伯特（Maria Berg von Linden, Lilith Arevström, Ole Fröbert），《洞穴之洞见：冬眠的熊对我们理解和治疗人类疾病的启示》（*Insights from the den: how hibernating bears may help us understand and treat human desease*），奥勒布罗大学心脏病学系（Department of cardiology, Orebrö University），2011 年。

35 娜斯塔西娅·马丁（Nastassja Martin），《熊》（"L'ours"），载《比勒博德》（*Billebaude*），第 9 号，2016 年 9 月。

36 约翰·图里（Johan Turi），《萨米人生活纪实》（*Récit de la vie des Lapons*），阿尔马丹出版社（L'Harmattan），1997 年。

37 奥尔多·利奥波德，同上。

第六章　北极熊，诗意地理学动物！

38 皮埃尔·佩罗（Pierre Perrault），《北方的痛苦》（*Le Mal du Nord*），西风出版社（Vent d'Ouest），1999 年。

39 尼尔斯·阿雷·厄斯特兰、D. M. 拉维涅（Nils Are Øritsland, D. M. Lavigne），《紫外线摄影：哺乳动物遥感的新应用》（"Ultraviolet photography : a new application for remote sensing of mammals"），载《加拿大动物学杂志》（*Revue cana-dienne de zoologie*），第 52 卷，第 7 期，1974 年，第

939—941 页。

40 穆罕默德・Q. 哈塔布、赫尔穆特・特里布斯（Mohamed Q. Khattab, Helmut Tributsch），《北极熊毛发中的光纤光散射技术：重新评估与新结果》（"Fibre-optical light scattering techno-logy in polar bear hair: a re-evaluation and new results"），载《高级生物技术与生物工程杂志》（*Journal of Advanced Biote-chnology and Bioengineering*），第 13 卷，第 2 期，2015 年。

41 让-巴蒂斯特・夏克，同上。

42 肯尼斯・怀特（Kenneth White），《大西洋之地》（*Atlantica*），格拉塞出版社（Grasset），1986 年。

第七章　熊的回归

43 罗伯特・海纳，同上。

44 斯特凡・卡邦纳（Stéphan Carbonnaux），《熊的赞美歌：对人类野生兄弟的辩护》（*Le Cantique de l'ours. Petit plaidoyer pour le frère sauvage de l'homme*），跨大西洋出版社（Transboréal），2008 年。

45 安德烈・勒罗伊-古尔汉（André Leroi-Gourhan），《史前宗教》（*Les Religions de la Préhistoire*），法国大学出版社（PUF），1964 年。

46 斯捷潘・克拉琴尼科夫，同上。

47 让-弗朗索瓦・雷格纳（Jean-François Regnard），《拉普兰之旅》（*Voyage en Laponie*），1681 年。

48 弗雷德里卡・德・拉古纳、诺曼・雷诺兹、戴尔・迪阿蒙（Frederica de Laguna, Norman Reynolds, Dale DeArmond），《来自德纳的故事：塔纳纳河、科尤库克河与育空河的印第安故事》（*Tales from the Dena: Indian Stories from the Tanana,*

Koyukuk & Yukon rivers），华盛顿大学出版社（University of Washington Press），1995 年。

49 马塞尔·库图里耶（Marcel Couturier），《棕熊》（*L'Ours brun*），格勒诺布尔出版社（Grenoble），1954 年。

50 谢尔日·埃林格（Serge Erlinger），《熊去氧胆酸的适应症》（"Indications actuelles de l'acide ursodesoxycholique"），载《肝胃肠道与消化肿瘤学》（*Hépato-Gastro & Oncologie digestive*），第 1/9 卷，第 10 期，2012 年 12 月，第 817—822 页。

51 玛丽亚·伯格·冯·林登等，同上。

52 费利克斯·索默、马库斯·斯塔尔曼、奥尔加·伊尔卡耶拉、约恩·M. 阿尔内莫、乔纳斯·金德伯格、约翰·约瑟夫森、克里斯托弗·B. 纽加德、奥勒·弗罗伯特和弗雷德里克·贝克赫德（Felix Sommer, Marcus Ståhlman, Olga Ilkayera, Jon M. Arnemo, Jonas Kindberg, Johan Josefsson, Christopher B. Newgard, Ole Fröbert et Fredrik Bäckhed），《肠道微生物调节：棕熊在冬眠中的能量代谢》（"The Gut Microbia Modulates Energy Metabolism in the Hibernating Brown Bear Ursus arctos"），载《细胞报告》（*Cell Reports*），第 14 卷，第 7 期，2016 年 2 月，第 1655—1661 页。

53 瓦伦蒂娜·特雷马罗利、弗雷德里克·贝克赫德（Valentina Tremaroli, Frederik Bäckhed），《肠道微生物与宿主代谢之间的功能性相互作用》（"Functional interactions between the gut microbiota and host metabolism"），载《自然》，第 489 期，2012 年 9 月，第 242—249 页。

第八章　人与熊的未来

54 奥尔多·利奥波德，同上，第 253 页。

55 埃里克·巴拉泰（Éric Baratay），《法国教士话语中的家养动物与野生动物（17 至 18 世纪）——人类、家畜与中世纪至18 世纪的环境》，(*Animaux domestiques et animaux sauvages dans le discours clérical français des XVIIIe - XVIIIe siècles. L'homme, l'animal domestique et l'environnement du Moyen Âge au XVIIIe siècle*)，西方出版社（Ouest Éditions），1993年，第85—93页。

56 谢维尔侯爵（Marquis G. de Cherville），《狩猎的四足兽》(*Les Quadrupèdes de la chasse*)，拉库尔出版社（Lacour），2002年。

57 吉姆·哈里森（Jim Harrison），《狗与狼之间》(*Entre chien et loup*)，克里斯蒂安·布尔戈出版社（Christian Bourgois），1993年。

58 罗曼·加里（Romain Gary），《天空之根》(*Les Racines du ciel*)，伽利玛出版社，1956年。

59 约翰·穆尔，同上。

60 斯捷潘·克拉琴尼科夫（Stepan Kracheninnikov），同上。

61 娜斯塔西娅·马丁，《去远方生活》(*Vivre plus loin*)，个人作品，未正式出版。

62 法里德·本哈穆、索菲·鲍贝、让-雅克·卡马拉、阿兰·雷恩（Farid Benhammou, Sophie Bobbé, Jean-Jacques Camarra, Alain Reynes），《比利牛斯山的熊：四个真相》(*L'Ours des Pyrénées, les 4 vérités*)，普里瓦特出版社（Privat），2005年。

63 数据源于费鲁斯组织。

参考书目

佚名，《坠落，坠落，银之滴：熊神之歌》（*Tombent，tombent les gouttes d'argent. Chants du peuple aïnou*），编入"黎明诸民族"丛书（L'aube des peuples），伽利玛出版（Éditions Gallimard），巴黎，1996 年。

克里斯蒂安·贝尔纳达克（Christian Bernadac），《第一位神》（*Le Premier Dieu*），米歇尔·拉丰出版社（Michel Lafon），巴黎，2000 年。

盖里·布朗（Gary Brown），《大熊年鉴》（*Great Bear Almanac*），莱昂斯出版社（Lyons Press），吉尔福德，1993 年。

让-雅克·卡马拉（Jean-Jacques Camara)，《棕熊》（*L'Ours brun*），阿蒂耶出版社（Hatier），巴黎，1989 年。

热拉尔·科西蒙（Gérard Caussimont），《比利牛斯山的棕熊》（*L'Ours brun des Pyrénées*），FIEP/卢巴蒂耶尔出版社（FIEP/Loubatières），卡尔邦，1997 年。

埃韦琳娜·克雷居-邦努尔（Évelyne Crégut-Bonnoure），《来自法国和意大利的萨利期亚洲黑熊》（"The saalian Ursus thibetanus from France and Italy"，L'Ursus thibetanus saalien de

France et d'Italie），载《地质生物学报》（*Geobios*），第 30 卷，第 2 期，1997 年，第 285—294 页。

比约恩·达尔（Bjørn Dahl）、乔恩·E. 斯文森（Jon E. Swenson），《影响雌性棕熊照料幼崽的时间因素及其对幼崽的影响》["Factors influencing length of maternal care in brown bears（Ursus arctos）and its effects on offspring"]，载《行为生态与社会生物学》（*Behavioral Ecology and Sociobiology*），第 54 卷，第 4 期，2003 年 9 月，第 352—358 页。

罗伯特·法根（Robert Fagen）、乔安娜·法根（Johanna Fagen），《棕熊个体差异的辨识性》（"Individuel distinctiveness in brown bears，Ursus arctos"），载《动物行为学》（*Ethology*），第 112 卷，第 2 期，1996 年，第 212—226 页。

弗朗索瓦-雷吉·加斯图（François-Régis Gastou），《追踪比利牛斯及其他地区的驯熊艺人》（*Sur les traces des montreurs d'ours des Pyrénées et d'ailleurs*），卢巴蒂耶尔出版社（Loubatières），卡尔邦，1987 年。

埃丽卡·古德（Erica Goode），《向健康的熊学习（你的意思是我们也该冬眠？）》["*Learning from healthy bears*（*You mean we should hibernate?*"）]，载《纽约时报》（*The New York Times*），2016 年 7 月 4 日。

格雷·奥尔（Grey Owl），《树》（*L'Arbre*），苏弗尔出版社（Souffles），弗龙蒂尼昂，2010 年。

卡罗琳·格罗斯（Caroline Grosse）、佩特拉·卡岑斯基（Petra Kaczensky）、费利克斯·克瑙尔（Felix Knauer），《蚂蚁：斯洛文尼亚棕熊寻找的食物来源？》["Ants：a food source sought by Slovenian brown bears（Ursus arctos）?"]，载《加拿大动物学杂志》（*Canadian Journal of Zoology*），第 81 卷，

第 12 期，2003 年。

罗伯特·海纳 （Robert Hainard），《狼之合唱队与其他有关熊的
故事》（*Chœur de loups et autres histoires d'ours*），斯拉特金出
版社 （Slatkine），日内瓦，1999 年。

卡伦·霍夫曼-希克尔 （Karen Hoffman-Schickel）、皮埃尔·勒鲁
（Pierre Le Roux）、埃里克·纳韦 （Éric Navet）（主编），《熊皮
之下：人类与熊科动物——跨学科探讨》 （*Sous la peau de
l'ours. L'humanité et les Ursidés : approche interdisciplinaire*），
"亚洲之源"丛书 （Sources d'Asie），知识与学识出版社
（Connaissances et Savoirs），圣但尼，2017 年。

星野道夫 （Michio Hoshino），《灰熊》（*Grizzly*），编年史图书
出版社 （Chronicle Books），旧金山，1987 年。

佩特拉·卡岑斯基 （Petra Kaczensky）、马泰娅·布拉齐奇
（Mateja Blazic）、哈特穆特·戈索夫 （Hartmut Gossow），《斯
洛文尼亚公众对棕熊的态度》［"Public attitude towards brown
bears （Ursus arctos） in Slovenia"］，载 《生物保护》
（*Biological Conservation*），第 118 卷，第 5 期，2004 年 8 月，
第 661—674 页。

W. N. 卡泽夫 （W. N. Kazeef），《棕熊，森林之王》（*L'Ours
brun，roi de la forêt*），斯多克出版社 （Stock），巴黎，
1934 年。

鲍里斯·克雷什图菲克 （Boris Kryštufek）、博日达尔·弗拉伊
什曼 （Božidar Flajšman）、休·I. 格里菲斯 （Huw I.
Griffiths），《与熊共生：生存在领地日益缩小的大型欧洲食
肉动物》（*Living with Bears：A Large European Carnivores in
a Shrinking World*），斯洛文尼亚自由民主生态论坛出版社
（Ecological Forum of the Liberal Democracy of Slovenia），

2003 年。

维拉斯·库马尔（Vilas Kumar）、弗里乔夫·拉默斯（Fritjof Lammers）、托比亚斯·比登（Tobias Bidon）、马库斯·普芬宁格（Markus Pfenninger）、莉迪亚·科尔特（Lydia Kolter）、玛丽亚·A. 尼尔松（Maria A. Nilsson）、阿克塞尔·扬克（Axel Janke），《熊类的进化史以跨物种的基因流动为特征》（"The evolutionary history of bears is characterized by gene flow across species"），载《科学报告》（*Scientific Reports*），第 7 期，文章编号 46487，2017 年。

比约恩·库尔滕（Björn Kurtén），《洞熊的性别二态性与体型趋势》（"Sex dimorphism and size trends in the cave bear, Ursus spelaeus, Rosenmüller and Heinroth"），载《芬兰动物学报》（*Acta Zoologica Fennica*），第 90 期，1955 年，第 42—48 页。

让-多米尼克·拉茹（Jean-Dominique Lajoux），《人与熊》（*L'Homme et l'Ours*），格莱纳出版社（Glénat），格勒诺布尔，1996 年。

安德烈·勒罗伊-古尔汉（André Leroi-Gourhan），《世界的根源：与克洛德-亨利·罗凯的对谈》（*Les Racines du monde. Entretiens avec Claude-Henri Rocquet*），皮埃尔·贝尔丰出版社（Pierre Belfond），巴黎，1982 年。

阿尔莱特·勒罗伊-古尔汉（Arlette Leroi-Gourhan）、安德烈·勒罗伊-古尔汉（André Leroi-Gourhan），《爱努人之旅》（*Un voyage chez les Aïnous*），阿尔宾·米歇尔出版社（Albin Michel），巴黎，1989 年。

巴里·洛佩斯（Barry Lopez），《北极之梦》（*Rêves arctiques*），阿尔宾·米歇尔出版社（Albin Michel），巴黎，1987 年。

埃韦琳·洛特-法尔克（Éveline Lot-Falck），《西伯利亚民族的狩猎仪式》（*Les Rites de chasse chez les peuples sibériens*），伽利玛出版社（Gallimard），巴黎，1953 年。

奥利维耶·德·马里亚夫（Olivier de Marliave），《比利牛斯山的熊的历史》（*Histoire de l'ours dans les Pyrénées*），西南出版社（Éditions Sud-Ouest），波尔多，2000 年。

雷米·马里昂（Rémy Marion），《北极熊的最新消息》（*Dernières nouvelles de l'ours polaire*），极地影像出版社（Pôles d'images），巴比松，2009 年。

雷米·马里昂（Rémy Marion）、法里德·本哈穆（Farid Benhammou），《北极熊的地缘政治》（*Géopolitique de l'ours polaire*），埃斯出版社（Éditions Hesse），圣克洛德-德迪雷（Saint-Claude-de-Diray），2015 年。

松桥珠子（Tamako Matsuhashi）、增田隆一（Ryuichi Masuda）、真野勤（Tsutomu Mano）、村田浩一（Koichi Murata）、阿维尔梅德·艾乌尔扎尼因（Awirmed Aiurzaniin），《全球棕熊种群的系统发育关系研究》（"Phylogenetic relationship among worldwide populations of the brown bear Ursus arctos"），载《动物科学》（*Zoological Science*），第 18 卷，第 8 期，2001 年，第 1137—1143 页。

D. R. 麦卡洛（D. R. McCullough），《黄石灰熊的种群动态》（"Population dynamics of the Yellowstone grizzly bear"），载《大型哺乳动物种群的动态》（*Dynamics of Large Mammal Populations*），主编查尔斯·W. 福勒（Charles W. Fowler）、蒂姆·D. 史密斯（Tim D. Smith），约翰·威利出版社（John Wiley），纽约，1981 年，第 173—196 页。

苏珊·米勒（Susan Miller）、詹姆斯·怀尔德（James Wilder）、瑞安·R. 威尔逊（Ryan R. Wilson），《阿拉斯加地区秋季

无冰水期北极熊与灰熊的互动关系》（"Polar bear-grizzly bear
interactions during the autumn open-water period in Alaska"），
载《哺乳动物学杂志》（*Journal of Mammalogy*），2015 年，
第 96 卷，第 6 期，第 1317—1325 页。

约翰·穆尔（John Muir），《在塞拉的一夏》（*Un été dans la
Sierra*），霍贝克出版社（Hoëbeke），巴黎，1997 年。

拉尔夫·A. 尼尔森（Ralph A. Nelson）、G. 埃德加·福克
（G. Edgar Folk Jr）、埃格伯特·W. 费弗（Egbert W.
Pfeiffer）、约翰·J. 克雷格黑德（John J. Craighead）、查尔
斯·J. 琼克尔（Charles J. Jonkel）、戴安娜·L. 斯泰格
（Diane L. Steiger），《黑熊、灰熊与北极熊的行为、生化特征
与冬眠研究》（"Behavior, biochemistry, and hibernation in
black, grizzly, and polar bears"），载《熊类生物学及其管理》
（*Bears：Their Biology and Management*），第 5 卷，1983 年，
第 284—290 页。

克里斯蒂娜·诺阿科（Cristina Noacco），《自然之言：万兽之兽
志》（*Physiologos. Le bestiaire des bestiaires*），希腊文原典法
译本，由阿尔诺·祖克尔（Arnaud Zucker）导读与评注，热
罗姆·米永出版社（Jérôme Millon），格勒诺布尔，2004 年。

让-米歇尔·帕尔德（Jean-Michel Parde）、让-雅克·卡马拉
（Jean-Jacques Camarra），《法国食肉动物百科全书，第 5 部
分：熊（"棕熊"由林奈于 1758 年首次命名和描述）》
［*Encyclopédie des carnivores de France*, Part 5：*L'ours* (*Ursus
arctos, Linnaeus*, 1758)］，法国哺乳动物研究与保护学会
（Société française pour l'étude et la protection des mammifères），
布尔日，1992 年。

让-诺埃尔·帕萨尔（Jean-Noël Passal），《熊之精神》（*L'Esprit*

de l'ours），舍米讷芒出版社（Cheminements），勒库德雷-马
库阿尔，2008 年。

米歇尔·普拉纳夫（Michel Praneuf），《熊与人类在欧洲传统中的
形象》（*L'Ours et les Hommes dans les traditions européennes*），
伊马戈出版社（Imago），巴黎，1989 年。

贝尔纳德·普雷特尔（Bernard Prêtre），《萨瓦与多菲内最后的
熊》（*Les Derniers Ours de Savoie et du Dauphiné*），贝勒东出
版社（Éditions de Belledonne），格勒诺布尔，2001 年。

马尔科姆·拉姆塞（Malcom Ramsay）、罗伯特·L. 邓布拉克
（Robert L. Dunbrack），《生命史特征的生理限制：以新生小
熊为例》（"Physiological constraints on life history phenomena:
the example of small bear cubs at birth"），载《美国自然学
家》（*The American Naturalist*），第 127 卷，第 6 期，1986
年，第 735—743 页。

戴维·洛克韦尔（David Rockwell），《熊之声音：北美印第安人
与熊的神话、仪式与形象》（*Giving Voice to Bear*：*North
American Indian Myths*，*Rituals*，*and Images of the Bear*），
罗伯茨·赖因哈特出版社（Roberts Rinehart Publishers），纽
约，1991 年。

内德·罗泽尔（Ned Rozel），《为什么冬眠的熊不会患骨质疏松？》
（"Why don't hibernating bears get osteoporosis?"），载《地理
研究学报》（*Geographical Institute*），文章编号 2234，2014
年 8 月 21 日。

林恩·斯库勒（Lynn Schooler），《蓝熊》（*L'Ours bleu*），普隆
出版社（Plon），巴黎，2002 年。

詹姆斯·加里·谢尔顿（James Gary Shelton），《熊的袭击 II：
神话与现实》（*Bear Attacks II*：*Myth and Reality*），帕利斯特

出版社（Pallister Publication），萨里，2001 年。

费利克斯·索默（Felix Sommer）、马库斯·斯塔尔曼（Marcus Ståhlman）、奥尔加·伊尔卡耶拉（Olga Ilkayeva）、约恩·M. 阿尔内莫（Jon M. Arnemo）、乔纳斯·金德伯格（Jonas Kindberg）、约翰·约瑟夫森（Johan Josefsson）、克里斯托弗·B. 纽加德（Christopher B. Newgard）、奥勒·弗罗贝特（Ole Fröbert）、弗雷德里克·贝克赫德（Fredrik Bäckhed），《肠道微生物调节：棕熊在冬眠中的能量代谢》（"The gut microbiota modulates energy metabolism in the hibernating brown bear Ursus arctos"），载《细胞报告》（*Cell Reports*），2016 年 2 月 4 日。

彼得·斯滕文克尔（Peter Stenvinkel）、乔安娜·佩纳（Johanna Painer）、黑尾真（Makoto Kuro-o）、米格尔·拉纳斯帕（Miguel Lanaspa）、沃尔特·阿诺德（Walter Arnold）、托马斯·鲁夫（Thomas Ruf）、保罗·G. 希尔斯（Paul G. Shiels）、理查德·J. 约翰逊（Richard J. Johnson），《慢性肾病的新型治疗策略：动物界带来的启发》（"Novel treatment strategies for chronic kidney disease：insights from the animal kingdom"），载《自然评论：肾脏病学》（*Nature Reviews Nephrology*），第 14 卷，2018 年，第 265—284 页。

大卫·E. N. 泰特（David E. N. Tait），《"遗弃"作为一种繁殖策略：以灰熊为例》（"Abandonment as a repro-ductive tactic：the example of grizzly bears"），载《美国自然学家》（*American Naturalist*），第 115 卷，第 6 期，1980 年 6 月，第 800—808 页。

约翰·图里（Johan Turi），《萨米人生活纪实》（*Récit de la vie des Lapons*），阿尔马丹出版社（L'Harmattan），巴黎，

1997 年。

菲利普·瓦尔特（Philippe Walter），《亚瑟：熊与国王》（*Arthur. L'ours et le roi*），伊马戈出版社（Imago），巴黎，2002 年。

王晓明（Xiaoming Wang）、娜塔莉娅·里布钦斯基（Natalia Rybczynski）、C. 理查德·哈林顿（C. Richard Harington）、斯图尔特·C. 怀特（Stuart C. White）、理查德·H. 特德福（Richard H. Tedford），《上新世高北极地区发现的一种基干熊属动物揭示出其与欧亚熊类的亲缘关系及富含可发酵糖类的饮食结构》〔"A basal ursine bear (Protarctos abstrusus) from the Pliocene High Arctic reveals Eurasian affinities and a diet rich in fermentable sugars"〕，载《科学报告》（*Scientific Reports*），2017 年，第 7 卷，文章编号：17722。

卡伦·格耶辛·韦林德（Karen Gjesing Welinder）、拉斯穆斯·汉森（Rasmus Hansen）、迈克尔·托夫特·奥韦高（Michael Toft Overgaard）、玛琳·布罗胡斯（Malene Brohus）、马兹·索恩代尔（Mads Sønderkær）、马丁·冯·贝尔根（Martin von Bergen）、乌尔里克·罗勒-坎普奇克（Ulrike Rolle-Kampczyk）、沃尔夫冈·奥托（Wolfgang Otto）、托马斯·L. 林达尔（Thomas L. Lindahl）、卡琳·阿里内尔（Karin Arinell）、阿丽娜·L. 埃文斯（Alina L. Evans）、乔恩·E. 斯文森（Jon E. Swenson）、英厄·G. 雷夫斯贝克（Inge G. Revsbech）、奥勒·弗勒伯特（Ole Fröbert），《冬眠状态下野外亚成年棕熊健康与能量保存的生化基础》（"Biochemical foundations of health and energy conservation in hibernating free-ranging subadult brown bear Ursus arctos"），载《生物化学杂志》（*Journal of Biological Chemistry*），2016 年 10 月 21 日，

第 291 卷，第 43 期，第 22509—22523 页。

乔治奥斯·克塞尼库达基斯（Georgios Xenikoudakis）、埃里
克·埃尔斯马克（Erik Ersmark）、让-吕克·蒂松（Jean-Luc
Tison）、莉塞特·P. 韦茨（Lisette P. Waits）、约纳斯·金
德贝里（Jonas Kindberg）、乔恩·E. 斯文森（Jon E.
Swenson）、洛夫·达伦（Love Dalén），《种群数量瓶颈对斯
堪的纳维亚棕熊遗传结构与变异的影响》（"Consequences of a
demographic bottleneck on genetic structure and variation in the
Scandinavian brown bear"），载《分子生态学》（*Molecular
Ecology*），2015 年 7 月，第 24 卷，第 13 期，第 3441—
3454 页。

致　谢

首先，我要感谢弗朗索瓦·萨拉诺（François Sarano），正是他促成了我与斯特凡纳·迪朗（Stéphane Durand）的相识，因此才有了这本书。

感谢斯特凡纳将我的书收录进他主编的丛书，并提出中肯的建议。

我深深感谢弗朗索瓦丝·帕斯莱格（Françoise Passelaigue），她目光敏锐、思维严谨。

我当然要特别感谢我最亲密的两位合作伙伴：我的妻子卡特琳（Catherine）和儿子纪尧姆（Guillaume）。我们每天一同工作，相互鞭策。若没有他们的陪伴与支持，我不可能完成这项长达 25 年的工作。

特别感谢好友法里德·本哈穆（Farid Benhammou），他是名副其实的"熊的兄弟"。

感谢《第五梦》（*Cinquième Rêve*）和欧洲文化频道 Arte 的团队，感谢你们为制作纪录片《强壮如熊》（*Fort* comme un ours）所付出的努力。特别致谢蒂埃里·罗伯尔（Thierry Robert）、欧雷莉·赛亚尔（Aurélie Saillard）和尼古拉·祖尼诺（Nicolas Zunino），感谢你们的热情投入。

衷心感谢"极地行动协会"（Pôles Actions）的团队成员：让娜（Jeanne）、弗朗索瓦丝（Françoise）、帕特里夏（Patricia）和阿兰（Alain），以及一直以来坚定支持我们的朋友。

我也不会忘记一路同行的伙伴：弗朗索瓦（François）、德尔菲娜（Delphine）、弗朗西斯（Francis）、西尔维（Sylvie）、埃利安娜（Éliane）、雷蒙（Raymond）、克里斯蒂安（Christian）、卡特琳（Catherine）、乔治（Georges）、弗朗辛（Francine）、奥利维耶（Olivier）、克里斯特尔（Kristel），还有其他朋友……谢谢你们！

图书在版编目（CIP）数据

生而为熊 / （法）雷米·马里昂著；左天梦译.
上海：东方出版中心, 2025. 5. -- ISBN 978-7-5473
-2724-1

Ⅰ. Q959.838

中国国家版本馆CIP数据核字第2025F1D924号

L'ours. L'autre de l'homme
By RÉMY MARION
© ACTES SUD,2018
Simplified Chinese Edition arranged through S.A.S BiMot Culture, France
Simplified Chinese Translation Copyright©2025 Orient Publishing Center
ALL RIGHTS RESERVED

上海市版权局著作权合同登记：图字09-2025-0127号

生而为熊

著　　者	[法]雷米·马里昂	
译　　者	左天梦	
责任编辑	时方圆	
装帧设计	付诗意	

出 版 人	陈义望
出版发行	东方出版中心
地　　址	上海市仙霞路345号
邮政编码	200336
电　　话	021-62417400
印 刷 者	上海盛通时代印刷有限公司

开　　本	787mm×1092mm　1/32
印　　张	6.75
字　　数	115千字
版　　次	2025年7月第1版
印　　次	2025年7月第1次印刷
定　　价	55.00元